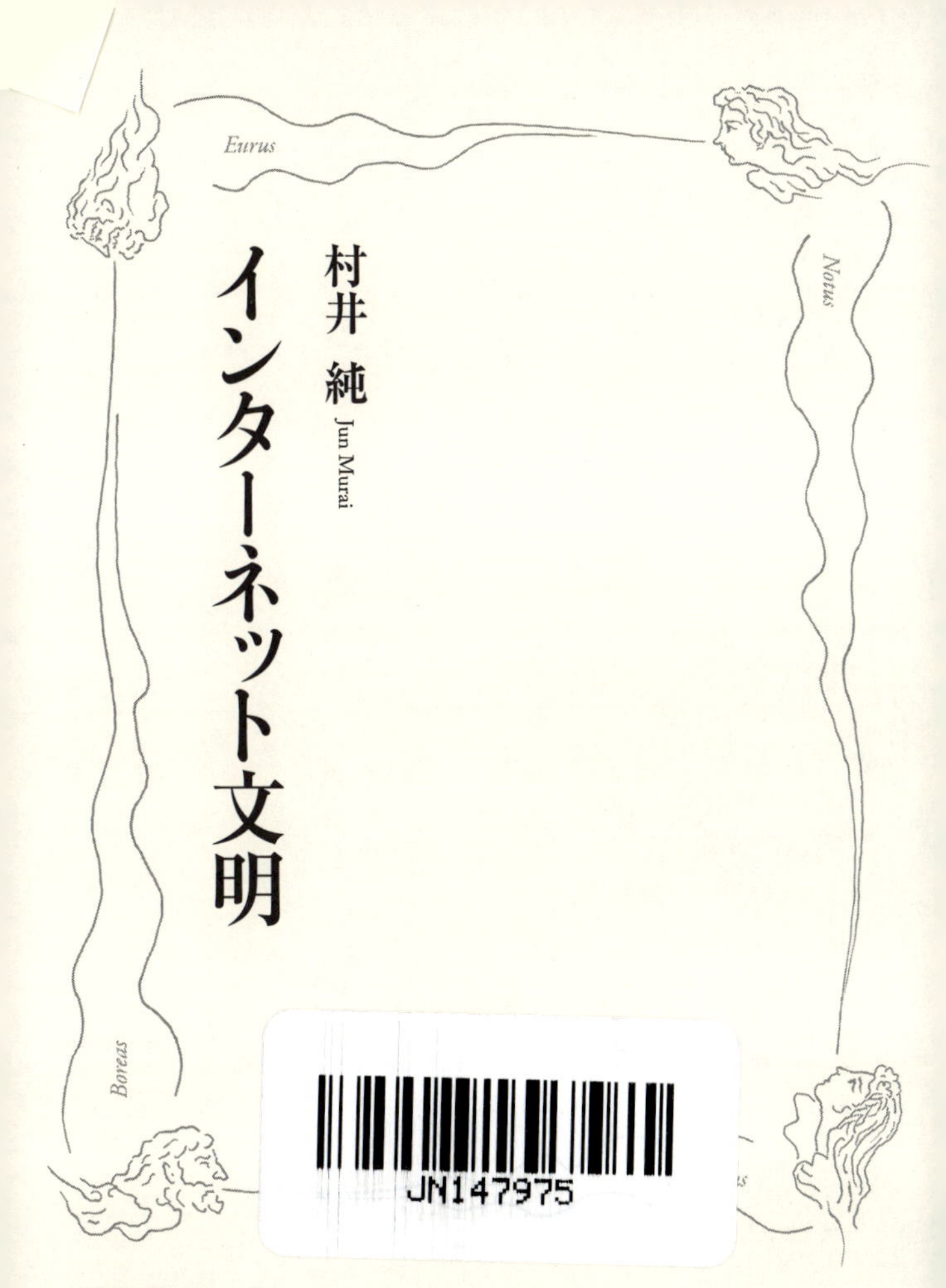

インターネット文明

村井 純
Jun Murai

岩波新書
2031

目　次

目次

プロローグ
インターネット史に刻まれたふたつの大事件

利用者が五〇億人を突破

インターネットが誕生して五〇年以上、ワールドワイドウェブ(World Wide Web)が登場して三〇年以上の年月が経ちました。いまから三〇年前の一九九〇年のはじめには、わずか数百万人だったインターネットの利用者は、いまや全世界で五〇億人を超え、インターネットは早くも世界中を覆い尽くそうとしています。

私たちの日々の生活に欠かせないインフラとなったインターネットは、ただの便利なツールというだけにとどまらず、私たちが生きる社会の仕組みも大きく変えてきました。数学や物理学、天文学などのサイエンスをベースに新たな道具をつくり出し、社会そのものを変える。テクノロジーが、それまでの自然環境に代わる人工的な環境を生み出して社会を支える。それはもはや「文明」と呼んで差し支えないレベルのできごとです。

インターネットをひとつの「文明」として見たときに、ここ数年で最大の話題は、間違いなくCOVID-19(新型コロナウイルス感染症)によるパンデミックでした。二〇二〇年に入って、COVID-19の流行が全世界に広がり、さらなる感染爆発を防ぐために、世界中の都市でロックダウンが実施されました。自宅から一歩も出られないので、仕事にも学校にも行けず、買い物もできない。多くの人がインターネットなしには生活することさえできない状態に追い込まれました。

仕事も、学校も、買い物も、暇つぶしの娯楽も、すべてインターネット経由でもたらされる。COVID-19によって、世界中の人たちがインターネットに依存するように強制されたと考えた人もいます。

政策では実現できないスピード感

インターネットの歴史上、これは空前絶後のできごとでした。それがどれほど大きなインパクトを全世界にもたらしたのか。ひとつの例を取り上げてみましょう。

二〇一九年、まだ全世界がCOVID-19の存在に気づいていなかったときに、東京工業大学のDLab(未来社会DESIGN研究センター)がテクノロジーベースの未来像を二四のシナリオにまとめた「未来シナリオ」を発表しました。二〇三〇年からはじめて、二〇四〇年、二〇五〇年……、未来に実現しているであろう社会の姿を描いたものです。

たとえば、二〇四〇年のシナリオでは、「ほとんどの仕事はオンライン化され、旅をしながら働くことができるようになる」「おうち完結生活」が実現するとされていました。インターネットが生活の中にこれまで以上に浸透して、会社に行かなくても、自宅にいながらにして、すべてが完結する生活が実現するのに、およそ二〇年の時間が必要だと予測されていたのです。

ところが、コロナ禍によって、そうした予測は完全に覆されました。わずか一、二年のうちに、リモートワークやオンライン授業、オンラインショッピング、料理や日用品のデリバリーサービスが当たり前になり、すべて自宅で完結するシナリオが現実になったからです。つまり、二〇四〇年に実現すると思われていたことが、あっというまに日常になってしまった。いいかえれば、自然の脅威によって、私たちは二〇年という時間を飛び越えてしまったわけです。

テクノロジーが世の中に浸透していくとき最も時間がかかるのは、多くの人に実際に使ってもらうという部分です。技術的には可能であっても、それが便利だと自分で実感して、おおぜいの人が使ってくれないかぎり、そのテクノロジーは世の中に広がっていきません。

新しい技術で貢献することを使命と考える人にとっては、つねにこの点が問題になります。インターネットを広げていくときもそうでした。実際、ビデオ会議システムも、インターネット通販も、動画視聴サービスも、COVID-19が発生する前の時点で、すでに世の中に存在しました。しかし、それらを当たり前のように世界中の人が利用するようになったのは、パンデミックによって、いわば自分事で使わざるを得ない状況が生まれたからです。しかし、このような広がりは、技術をつくる側から生み出すことはなかなかできないのです。

同じことを政策的に実現しようとすると、大きなコストとリスクが伴います。たとえばインターネットが普及する前、一九八〇年代のフランスでは、電話回線を通じて文字情報や簡易的な画像をやりとりするネットワーク端末「ミニテル」が各家庭に提供されました。キーボードで入力して電話番号検索をかけなければ、電話がかけられないようにしたのです。この政策は、オンラインサービスの幕開けを図りたかったフランス政府が、紙の電話帳(イエローページ)を廃止する代わりに無理やり導入したものでした。その後多くの国が、半ば強制的に技術の社会的普及を図ろうと試みました。しかし、日本はすれすれのところであっても、インターネットに関してはこのような政策をとりませんでした。私はよく、「周回遅れの先頭ランナーが日本の持ち味」という表現を使います。個人と技術の出会いを強制するのは、日本には向いてないと思うからです。

ところが、コロナ禍をきっかけに、はからずも社会的普及が実現してしまった。もっとインターネットを使うよう社会を説得するのに二〇年はかかるだろうと思っていたのに、わずか一、二年で、世界中の人たちの意識が「インターネットはあって当たり前」というところまで変わってしまったわけです。まさかこんなことが起きるなんて、誰も思っていませんでした。

すべての人にインターネットを

すでに日本の携帯電話の普及率は、加入数ベースで一五〇%を超えています。一〇〇%を超えているのは、一人で何台も持っている人がいるからです。日本以外でも、アメリカやEUの主要国、北欧、韓国あたりは同じような水準です。そうした国では、ほぼすべての国民がインターネットにアクセスしていると考えられます。ITU（国際電気通信連合）によると、二〇二四年のはじめの時点で、インターネットの普及率は六七％近くに達しており、すでに五四億人以上の人がインターネットユーザーになっています。

「Internet is for everyone（すべての人にインターネットを）」という目標を一九九五年に、インターネットソサエティ（ISOC）の初代会長ヴィントン・サーフと議論したのを覚えています。ところが、今になってよく考えてみると、当時のインターネットの普及率は数パーセントに至らなかったはずで、そんな時代に「すべての人にインターネットを」とは、ずいぶん大きく出たものだと思います。しかしながら、いまや「すべての人」が完全に視野に入ってきていて、COVID-19を経たことで、その流れがさらに加速しました。

インターネットはもはや社会全体を支える礎（いしずえ）となっています。誰もインターネット技術を否定することはできないし、無視することもできません。インターネットの恩恵は世界中の「すべての人」に行き渡る。それこそが、インターネットが「文明」であるゆえんなのです。

コロナ禍で上り回線がパンク

コロナ禍で忘れられないことのひとつは、日本の通信回線の安定ぶりでした。自宅におけるリモートワークやオンライン授業は、Zoomのようなビデオ会議システムを利用しておこなわれますが、そのとき問題になるのが、上り回線の太さでした。

インターネット回線は一般利用者向けには、下り(ダウンロード)方向が太く、上り(アップロード)方向は細く設計されることがあります。たとえば、ネットフリックスで高画質の動画を見るときは、インターネット上にあるサーバから自宅に動画データがダウンロードされます。つまり、高画質の動画がサクサク見られるのは、下り回線に余裕があるからなのです。

インターネットは本来、コンピュータ同士の通信ネットワークですから、データをやりとりするときに、双方向に同じ量のトラフィックが交換されるだろうと設計してありました。これは技術の妄想だったかもしれない。しかし、現実の利用では、インターネットから大量のデータを下ろしてくるばかりで、大きなデータを上げる用途はほとんど観測されませんでした。そのため、多くの国の事業者は、技術原則より経済合理性を重んじて、下り回線を太くする一方、上り回線は細くすることでコストも下げるという設計をすることが多かったのです。現在も多くの国で利用されているブロードバンド回線のADSLも、スマートフォンや携帯電話の無線通信も、周波数を割り当てることで、下りを太く、上りを細くしてあります。そうすることによって、通常はストレスなくインターネットを利用できるわけです。

ところが、コロナ禍によって何が起きたかというと、一般家庭でお父さんやお母さんが仕事でビデオ会議システムを使う、子どもも授業で使う……といったように、それまで想定されていなかった上り回線の活発な利用が発生しました。ビデオ会議はなかなかの曲者です。いまのパソコンやタブレットには高解像度の4Kカメラなどが当たり前のようについています。そのため、ものすごく大量のデータを必要とする高画質の動画データが、一般家庭から、時間帯によっては複数人分同時に、インターネットに上ってくることになったのです。

その結果、世界中の都市のインターネット接続は大きく混乱しました。回線が混雑してつながらない事態も続出しました。ところが、このとき、日本のインターネット回線は非常に安定していました。なぜなら、日本では、一般家庭まで光ファイバーを引く双方向に強いFTTH(ファイバー・トゥ・ザ・ホーム)が普及していたからです。

日本のお家芸「FTTH」

実は、光ファイバー網が一般家庭まで届いている国はあまりありません。日本では、固定ブロードバンドにおける光ファイバーの普及率は八割を超えていますが、インターネット先進国のアメリカでも二割に満たないし、ドイツやイギリスに至っては一割にも達していません。FTTHはいわば日本のお家芸のようなもので、そのおかげで、上りのデータが突然急増しても、びくともしなかったのです。

日本のＦＴＴＨ普及を牽引してきたのは、専門的技術ベースの通信政策です。当初、一般家庭まで光ファイバーを引くのはオーバースペックだという見方もありましたが、ＮＴＴの「フレッツ光」が日本全国の足回りを固めていたおかげで、コロナショックによる上りデータの急増という想定外の事態に直面しても、日本は混乱することなく乗り切ることができました。

いまとなっては、日本ほど上り回線が強い国はほとんどないことを誇ってよいくらいです。世の中、事前にすべてを予測するのはむずかしく、何が功を奏するかわかりません。

それに対して、ケーブルテレビ大国のアメリカは、ケーブル回線によるインターネット接続が一般的でした。ケーブルテレビというのは、元来が「(双方向の)通信」ではなく「(一方通行の)放送」なので、「上り回線を太くする」という発想がもとからありません。家庭からデータが上ってくること自体、なかったからです。そのため、アメリカは上り回線が弱い。それは、多くの先進国でも同じです。

しかし、インターネットが生活に根ざしたインフラになった以上、上り回線の強化は急務です。その意味で、日本はアフターコロナの通信環境を先取りしていたとも言えるのです。

新たな挑戦

このような状況から学ぶことが大きくふたつあります。

ひとつ目は、本書では何度か触れることになりますが、インターネットが社会のライフラインとして機能してきたことです。そのための基盤となるインターネットが、二〇年前の政策方針である、「民主導」でよいのかという点です。私は、「民主導」と「民任せ」は違うのだと主張してきました。目の前のビジネスは民の役割ですが、政策は産官学の合成力が必要です。

ふたつ目は、持続的に動き続けるインターネットが、民間の事業として成立する範囲で、どこまでできるのかという新しい課題です。人の住居や生活域をカバーするインターネットは事業性を確保できるので、民間で成立してきました。しかし、ドローンやロボットなどの人とは限らないモノが加わった今、日本の国土や国民の生活、命に資するインターネットの発展とサービスの維持をどのようにすすめるのか、という問題です。

公共と民間のデジタル・インフラストラクチャとして重要な基盤であるインターネットの今後を、どのようなステイクホルダーで考えていくのか。このような新しい挑戦のための歴史的なタイミングが来ていると考えています。

また、防災や安全保障も含めた人の生命にかかわる問題において、あるいは国土やこの地球全体が抱える課題において、インターネットがどのような役割を果たすのか。のちほど詳しく述べるように、このことがインターネット文明の創造の使命となるのです。

ウクライナ侵攻からの教訓

二〇二二年二月二四日に始まったロシアによるウクライナ侵攻も、インターネットの歴史に大きなインパクトをもたらしました。そこにはふたつの重要な教訓がありました。ひとつ目は、インターネットと電力は切っても切り離せない関係だということです。

実は、ロシアによる侵攻が開始される五日ほど前、ウクライナでは、電力グリッドの切り替えテストがおこなわれていました。それまでロシアに依存していた電力グリッドから、EUに依存した電力グリッドに切り替えようという計画がすでにあり、二〇二三年六月の完全移行に向けた最初のテストだったのです。

もしかすると、この電力グリッドの切り替えが、プーチン大統領の逆鱗（げきりん）に触れたのかもしれない。そう考えたくなるほど、タイミング的にはピッタリだったのです。

ところが、ロシアによる攻撃を受けて、計画は急遽、前倒しで実行に移されることになりました。二〇二三年六月まで一年三カ月ほどかけて切り替える予定だったにもかかわらず、なんと、四カ月で完成させたのです。それもあって、ウクライナの電力は非常に安定しています。原子力発電所が攻撃されて停止し局所的に停電が起きることはあっても、全体として電力供給は途切れていないのです。電気が切れたら、冬は寒くて生きていけないので、死活問題です。

ウクライナがロシアの攻撃に耐え、世界に理解と協力を呼びかけ続けていられる理由のひとつに、インターネットで発信し続けていることがあげられます。西側各国を巻き込んだゼレンスキー大統領の情報発信力は、インターネットによって支えられています。そのインターネットも、電気がなければ使い物になりません。

それもあって、電力インフラは、今まで以上に社会にとって不可欠なものとなっています。電力網のうえに、デジタル社会が丸ごと乗っているわけですから、たとえ紛争状態にあっても、電力を失えば、デジタル社会が全部ストップしてしまうのです。そのため、電力インフラの重要性は、従来とは比べ物にならないほど高まっています。

このことは、日本にとってもきわめて大きな意味をもちます。現在、日本では電力会社一〇社による分業体制が敷かれていますが、従来の何倍もの価値を持つ電力インフラに対して、はたして現在の体制で責任を全うできるのでしょうか。とくに有事の際でも、電力供給をストップさせない構造になっているかが問われています。

そもそも、電力グリッドは十分にスマート(賢い)か。そして、デジタル測定と分析、そしてAI処理を用いる「スマート」なグリッドのためには、デジタルインフラを支える電力が必要です。インターネットがライフラインのコアとなるインターネット文明時代における、電力とインターネットの相互の全く新しい関係が、今求められています。

オープンソース・インテリジェンス

ウクライナ侵攻から得られたふたつ目の教訓は、オープンソース・インテリジェンス(Open-Source Intelligence)です。頭文字をとってＯＳＩＮＴ(オシント)とも呼びます。

ゼレンスキー大統領がインターネットを駆使して情報発信している姿は世界に強烈なインパクトを与えました。また、ウクライナのミハイロ・フェドロフ副首相兼ＤＸ(デジタル・トランスフォーメーション)担当大臣がスペースＸ社のイーロン・マスクに「あなたが火星を植民地化しようとしている間に、ロシアはウクライナを占領しようとしている！」と呼びかけて、わずか一〇時間後に、スペースＸが提供する衛星通信サービス「スターリンク」がウクライナ国内でサービスインするという驚きの展開を、覚えている人も多いのではないでしょうか。

大臣がツイッター(現・Ｘ)でつぶやいて、一〇時間後にそれが実現するというスピード感もさることながら、衆人環視の下で、紛争当事者の交渉がオープンに、リアルタイムでおこなわれるということも、従来はあり得ませんでした。

国民が全国でインターネットにアップする情報を分析して、現地で何が起こっているかを把握したり、攻撃目標の特定に役立てたりすることが、当たり前のようにおこなわれています。オープンソース、つまり、インターネット上でアクセスできる情報を分析して、戦術・戦略を組み立てる。それを戦争の言葉で表現したのがＯＳＩＮＴです。そうしたことが、これからミリタリー分野では無視できない領域になってきます。

それ以外にも、敵国のプロパガンダでウソの情報やフェイクニュースを流したり、それを見破ったりする情報戦も、どんどん高度になりました。それも含めて、安全保障分野、サイバーセキュリティ分野で、日本は対抗できるかどうかが問われているわけです。

日本の防衛三文書(「国家安全保障戦略」「国家防衛戦略」「防衛力整備計画」のこと)でそうした話題が取り上げられるようになったのも、ウクライナ侵攻による影響のひとつです。

しかし、考えてみてください。OSINTは、取材からマーケティング、調査や研究に至るあらゆる分野での情報処理活動の見直しを意味しています。インターネット上で共有される情報の信頼性、正しさ、それを分析する力、そして、処理する力。これらが、私たちの新しい活動の基盤になること、これも歴史から人類が得た教訓のひとつでした。

ロシアをインターネットから締め出す?

ウクライナ侵攻に関連して、私は個人的に興味深い経験をしています。

インターネットは、AからMまで全部で一三のルートサーバのオペレーション組織によってサービスが実現されています。多様な組織形態の一三のルートサーバで分担され、ドメイン名の一番右にあるトップレベルドメインのデータベースのコピーを世界で無数に動かす役割を担っています。一九八八年に創設された日本の研究・運用プロジェクト「WIDEプロジェクト」も、そのひとつであるMのルートサーバを運用しています。

そのルートサーバのオペレーターが集まるグループに、ウクライナから、「.ru(ドット・アールユー)」、つまりロシアのドメインを止めてくれ、というリクエストが届いたのです。金融制裁でロシアをSWIFT(国際銀行間通信協会)から締め出したように、インターネットを切断してほしい、というわけです。

私たちオペレーターは、すでに似たような経験を、二〇〇一年の9・11(アメリカ同時多発テロ事件)のときに受けていました。あのときは飛行機を乗っ取られたので、まず航空網を遮断しました。北からアメリカに入ってくる飛行機は全てカナダ国境で降ろされました。南からも太平洋からも入ってこられないようにして、アメリカを完全に孤立させたのです。

事件のあと、アメリカ政府から、ルートサーバのオペレーターたちに質問が寄せられました。「アメリカを守るために、航空網を遮断したみたいに、インターネットを遮断したら、アメリカ以外のインターネットは動くのかい?」という、どこか上から目線の質問でした。

そして、調べてみてわかったのは、アメリカをインターネットで孤立させても、それ以外の国は止まらない、ということでした。大きな量を占めていたアメリカのトラフィックがなくなったとしても、残りのインターネットのトラフィックはパンクするわけではありませんし、インターネットはその構造上、どこかでつながってさえいれば、情報が流れる仕組みになっているから、それほど影響はありません。むしろ、インターネットを切断して困るのはアメリカだということが、この質問のおかげで判明したのです。

アメリカ経済は、二〇〇一年の段階で、すでにインターネットで流通する情報に支えられていたのです。だから、アメリカがインターネットから孤立したら、アメリカ自身がダメージを受けるというのが、その質問に対する答えとして判明しました。

それよりも、アメリカですでにインターネットを利用した経済が成り立っているということが、アメリカ政府の質問によって判明したわけです。そこでアメリカでは、国土安全保障省(DHS: United States Department of Homeland Security)という新しい役所が立ち上げられました。インフラまわりのデジタルデータの状況を取りまとめ、ホームランド、つまり国土を守るためのさまざまな指示をＤＨＳから各省に出せる体制が整ったのです。

インターネットは「酸素」と同じ

ウクライナから「ロシアのインターネットを止めてくれ」というリクエストがきたとき、すでにわかっていたのは、インターネットを止めることと、インターネットに依存した活動を通じた政策をほどこすということが異なるということでした。

私たち技術者はこれまで何度も似たような要求を受けてきており、できないこと、やるべきでないことを検討してきましたが、改めて調査して議論することも重要だと考え、そのための時間をとりました。その結論は、二〇〇一年と二〇二二年では話がまったく違うのではないか、ここまで社会と生活に不可欠な存在になったインターネットを止めるということは、SWIFTなどの経済制裁の意味だけでなく、もっと大きな影響が出てしまう、というものでした。

インターネットを止めろというのは、「酸素を止めろ！」と言うのに等しいのではないか、という発言も出ました。インターネットに対する経済の依存性は、二〇〇一年当時のアメリカで先行的に発生していたわけですが、それから二〇年が経った現在では、もはや経済のみにとどまらずエネルギーや教育、医療……に至るまで、あらゆるものがインターネットに依存しています。それを無理やり止めるということは酸素を止めることと同じで、絶対にやってはいけないことなのではないか。そのようなレベルに、インターネットがすでになっている、というのです。ですから、ウクライナのリクエストに対しては、ICANN（アイキャン）(Internet Corporation for Assigned Names and Numbers)という国際的な組織が代表して、正式に「それはできない」という返答をしています。

この二〇年のあいだにインターネットは、あれば便利なツールから、なくては生きていけないもの、人類が生存するための基盤にまで格上げ(下げ？)されたわけです。先の9・11のときのアメリカへのもうひとつの回答は、インターネットはどこかでつながってさえいればいいので、そもそも孤立させること自体すごくむずかしい、と続きました。この部分に関しては、その後、中国でグレートファイアウォールと呼ばれる、国内外のインターネットを監視する大規模な体制が登場したので、できないことではないだろう、という意見もありました。しかし、中国は基盤となるグローバルなインターネットを否定したことはありません。大切なことは、数値としてのデジタル情報が流通するインターネットと、インターネットを利用する情報ネットワークとの違いを理解して、やるべきことに取り組むことです。

ＳＷＩＦＴから締め出して経済制裁するのと、インターネットを切断することとは違います。災害や紛争地域では、国際関係として経済援助や制裁はできるけど、インターネットがなければ、人間個人が生きていくには障害がでるようになりました。そして、そのインターネットは電力とセットで守らなければ意味がない。電力が止まって、データセンターがストップしたら、クラウド上で動いているあらゆるサービスが停止するからです。

酸素と同じだから、電力とインターネットは守らなければいけないし、途切れさせてはいけない。ＣＯＶＩＤ-19とウクライナ侵攻というふたつの歴史的事件によって、私たちは、そのことを深く認識するに至ったのです。

第1章　インターネット文明とは何か

文明としてのインターネット

COVID-19によるパンデミックと、ロシアによるウクライナ侵攻を経験した全世界にとって、インターネットはもはや、それこそ空気のように、生きていくために欠かせないインフラになりました。

私が「インターネット文明」という言葉を使うようになったのは、インターネットと無関係でいられる人類はいなくなるという意識があったからです。世界にはいまだにインターネットにつながっていない人たちが二九億人も残されていますが、新しい技術の発展、たとえば、低軌道衛星を利用したインターネット接続の普及などで、それもやがて解消されていくでしょう。

インターネットのある世界を一度でも味わった人は、それ以前の世界にはもう戻れません。「文明」の恩恵は、そこに属するすべての人にあまねく行き渡り、それによって、私たちの暮らしが、私たちを取り巻く世界が、根本から変わってしまう。インターネット以前とインターネット以後は、まるで別世界です。それこそが、インターネットが「文明」たるゆえんなのです。

もうひとつのパラダイムシフトが、人をつなぐために発展してきたインターネットは、もはや、人だけでなくモノをもつなぐということです。詳しくはＩｏＴ(Internet of Things)の項目で述べますが、簡単に言えば、ドローンや、レストランの給仕ロボット、家庭のスマートスピーカーなど、デバイスやロボットが大量のデータを収集したり、それらを利用するＡＩを利用したりしながら自律的にインターネットにつながる時代になりました。このことの可能性は無限ですし、それにあわせた安全や信頼に対する高度な対応も必要です。そしてインターネット文明の新しい流れもこのように進んでいるのです。

デジタルデータを処理するコンピュータ、それを共有して伝えるデジタルネットワーク、そこから生まれるデジタルデータ。そして、これらを使う人と社会。こうしてインターネット文明が形成されます。

「インターネットに国境はない」は本当か？

インターネット文明には、これまで人類が経験してきた過去の文明とは決定的に違う点があります。それは、ある特定の国や地域に限定されない、という点です。

歴史上の文明は、メソポタミア文明やインダス文明、あるいは西欧文明、イスラーム文明のように、ある特定の地域や宗教と結びつき、別の文明とのあいだには「境界」が設けられてきました。価値観の異なる文明同士がぶつかり、お互いの境界を侵せば、衝突が避けられなかったのです。そこで、地球全体をひとつの球体、ひとつの共同体とみなして、衝突を避けるグローバル化（グローバリゼーション）が進行してきました。

ところが、国境線で仕切られた現実の世界とは違って、インターネットが生み出すサイバー空間は、もともとたったひとつの空間です。そのため、そもそも空間的な文明同士の対立はありえません。もし対立があるとすれば、現存する国家や社会の空間での対立です。

たとえば、既存の国家は、国内で経済活動がおこなわれた場合に税金を徴収することで成り立っていますが、インターネット上の経済活動が「どの国に属するか」は、これまで必ずしも明確でない部分がありました。また、各国には知的財産を守るための法律がありますが、インターネット上でやりとりされる知的財産に「どの国の法律を適用するか」も、簡単には決められません。

法律や税金などのルールはこれまで国ごとに定められてきたわけですが、そもそも国境がないインターネットには、既存のルールの適用がむずかしかったのです。

しかし、各国もただ手をこまねいていたわけではありませんでした。世界中でサービスを展開し、巨大なデータを吸い上げて圧倒的なパワーをもつに至ったビッグテック（グーグル、アップル、メタ、アマゾン、マイクロソフトの五社を指す）に対して、ＥＵはおもに個人情報保護の観点から、アメリカはおもに市場の独占禁止と、国民の投票行動に影響するフェイクニュース対策の観点から、規制を強めつつあります。また、国境をまたいで活動するインターネット企業に対しても、資金の流れを捕捉して税金を徴収しようという動きが各国で活発化しています。

さらに、米中対立の激化やロシアによるウクライナ侵攻など、昨今の地政学的情勢の変化を受けて、全体でひとつだったインターネット空間の中でも対立した議論が目立つようになってきました。中国のグレートファイアウォールは外国企業を中国市場から締め出し、EUのGDPR（一般データ保護規則）をはじめとした規制強化によって、EU市場から撤退するインターネット関連企業も出てきました。紛争当事国のロシアでも、それまで享受できていたさまざまなインターネットサービスが受けられなくなっています。

しかし、これらの対立は、必ずしもインターネットそのものの分断ではないのです。インターネットはひとつの空間で、その上での人と国の多様な活動が対立した議論を生むことがある。この構造を理解することこそが、コンピュータとデータ、そして、ネットワークからなる既存社会と共存する性格をもつ、ひとつのインターネット文明を理解することになるのです。

地球をひとつに結びつける力

こうした流れを、地球全体で最適化をはかるグローバル化に揺り戻しが起きている現実に呼応しているものであるかのようにとらえる人もいます。

たしかにいま、現実世界ではさまざまな分断が起き、サプライチェーンが断ち切られて、各国が対応を迫られています。石油や天然ガス、レアメタルなどの資源の一極集中がもたらす弊害があらためて認識され、どこか特定の国に依存するリスクを避けるために、サプライチェーンの再構築が世界規模で起きています。また、SDGs（持続可能な開発目標）の観点からも、単に安いという理由だけで世界中から買い集めるのではなく、なるべくモノの移動距離を抑え近場で生産・消費したほうがエネルギー効率が良い、という価値観が浸透してきています。

グローバル化が全盛だった二〇一〇年代には当たり前だったヒト・モノ・カネ・情報の流通が滞り、世界はふたたび分断の危機に瀕しているのかもしれません。

では、全世界をひとつにつないだインターネット文明も、こうした分断の波に飲み込まれてしまうのでしょうか。

そんなことはない、と私は思っています。それは、分断されるよりも、おたがいにつながっていることの利点を、世界はもう知ってしまったからです。

インターネットを知った世代は、インターネット以前には決して戻れない。あらゆる人がつながり、あらゆる情報にアクセスできるからこそ、そこに新たな発見、新たな組み合わせが生まれ、これまで解決することが、いえ、発見することすら困難だった課題に、新しい協同によって取り組むことが可能となったのです。イノベーションは、ビジネスと金儲けだけではありません。このような真のイノベーションを加速するのです。知識が囲い込まれ、情報がクローズドな世界に閉じ込められていたら、知の爆発は起きません。

　インターネットはその誕生から現在までずっと、人間の創造性を最大限に引き出し、人間の発想をとことんまでふくらませるツールとして開発されてきました。才能ある人たちにそうした場を与えれば、人類の夢を実現してくれる。知識をオープンにすること、あらゆる情報をつなげることは、いってみれば、インターネットのＤＮＡに深く刻み込まれ、決して消すことのできない刻印です。ですから、一時的な停滞はあったとしても、インターネット文明はひとつであり続けるし、さらに前進し続けるのです。

「インターネット五〇年」の真の意味

　インターネットは、人間が新しいものを創造し、新しい問題を解き、のびのびと才能を発揮するためのプラットフォームとして開発されてきました。その意味を知るために、この章では、インターネットの五〇年、ワールドワイドウェブの三〇年をざっと振り返ります。インターネットのルーツをたどり、それを生み出してきた人たちの思いを知れば、インターネットがもつ可能性について、みなさんも信じることができるようになるでしょう。私がそう信じているように。

　インターネット五〇年史の最初を飾るのは一九六九年です。この年に、世界初のパケット交換のネットワークであるARPANET（アーパネット）ができ、同時に、現在のコンピュータの基礎を形作ったUNIX（ユニックス）の研究開発がスタートしました。つまり、通信とコンピュータのふたつのオリジンが、たまたま同じ一九六九年なのです。

インターネット五〇年というと、ほとんどの人は、ARPANETが起源だと言うのですが、私はむしろUNIXの誕生のほうが重要だと考えています。その理由は、おいおい述べていくことにしましょう。それはともかく、ARPANETとUNIX、このふたつの異なる文化みたいなものがインターネットのルーツなのです。

世界初の研究用パケット通信ネットワーク「ARPANET」

パケット交換というのは通信方法のひとつです。デジタルデータをどうやって送るかというときに、デジタルは数字の羅列ですから、途中で区切ることができます。たとえば、「2136745」という文字列を「213」と「6745」と区切っても、「21」と「367」と「45」と区切っても、順番さえ間違えなければ、「2136745」と復元できる。つまり、どんなに長いデータでも、細かく区切ってバラバラに送れば、送った先で復元できるということです。

パケット交換のありがたみは、電話と比べればわかります。電話というのは、一本の回線を確保して、そこに音声を流します。つまり、電話番号をかけて相手に接続したら、電話が切れるまで、その回線を確保し続けているのです。これを回線交換といいます。

つまり、回線交換というのは、一本の専用レーンを確保して、そこを一台の自動車が走り抜けるような送り方です。その車が移動している最中に他の車が割り込むことはできません。一台につき一レーンが必要となるので、一〇〇台の車を移動させようと思えば、一〇〇本のレーンを用意しなければいけません。

一方、パケット交換には専用レーンは必要ありません。それどころか、自動車を一台丸ごと移動する必要すらありません。自動車をバラバラの部品に分解して送れば、向こうで元の自動車に復元してくれます。全レーンを開放して、バラバラの部品を送るわけですから、非常に効率的に送れます。ハイウェイを埋め尽くした部品がブンブン行き交うイメージです。

それを可能にしたのがパケット交換という技術であり、ＡＲＰＡＮＥＴの研究開発だったのです。物理的に離れたコンピュータ同士をつなぎ、パケット交換を実現して、情報のやりとりをスムーズにしたというのが、ＡＲＰＡＮＥＴの実験の重要な意義でした。

インターネットを流れているのは、数字の列です。数字の列には意味がありませんから、その数字の列の元が文章や文字からできているのか、画像からできているのか、音声からできているのかは、送る前に情報を数字の列に変えた人と、それを受け取って復元する人にしかわかりませんし、わかる必要もないのです。この概念を、エンド・ツー・エンド(End to End)と言います。データの安全性、セキュリティ、プライバシーに関する本質的な概念です。

共通の開発プラットフォームをつくった「UNIX」

もう一方のルーツであるUNIXは、コンピュータのオペレーティング・システム(OS)です。OSは、ハードウェアのまわりにかぶせて、その上に、さまざまな機能やサービスを提供するアプリケーションを載せやすくするための共通のプラットフォームです。つまり、コンピュータというハードウェアと、アプリというソフトウェアをつなぐ接点に位置する基盤ソフトウェア、それがOSです。

パソコンのウィンドウズも、スマートフォンのアンドロイドやiOSもOSです。それぞれのOSの上に、さまざまなアプリが載って、多様な機能を提供しています。

では、UNIXのどこが革新的だったのでしょうか。

一九六九年のUNIX登場以前は、この基盤ソフトは、ハードウェアベンダーであるIBMや富士通、日立などがそれぞれつくっていました。自社のハードウェアの性能を最大限に引き出すために、ベンダーが独自に開発するのが当たり前だったのです。

ベンダーがコンピュータをつくり、それに合ったOSを自ら開発して、セットでユーザー企業に納品する。コンピュータが生まれてからずっと続いてきたそのやり方を覆したのがUNIXでした。

ユーザーが使うさまざまなサービスや機能は、アプリケーションによって提供されます。アプリケーション開発企業からすれば、ハードウェアの数だけOSがあるということになると、それぞれ別に開発しなければいけません。これはたいへんな手間で、無駄も多い。A社には自社アプリを提供できるけれど、B社にはできない、といったことも当然あります。

そこで、北米の電話電信事業をほぼ独占していたAT&Tの豊富な資金力をバックに、革新的な発明を数多く生み出してきたベル研究所の研究者は、こう考えました。コンピュータがそれぞれ別のOSを積んでいるから、アプリ開発が面倒なのであって、どのコンピュータも同じOSを積んでいれば、アプリ開発は一回ですむし、同じアプリをすべてのコンピュータで利用できるようになる。

いわば使う人とコンピュータの立場を逆転させる発想で、OSを人のためのアプリケーション開発のプラットフォームの地位に押し上げたのが、UNIXだったのです。

ハードウェアに依存しない、互換性のあるプラットフォームの登場は、ハードウェアベンダーにとって、驚天動地のできごとでした。なにしろ、自分たちはハードウェアの性能で少しでもライバルに差をつけようとしのぎを削っているのに、OSが共通になれば、そうしたハードの違いはならされてしまうからです。せっかくA社のほうが性能がよくても、結果的にB社と同じことしかできないのなら、A社の努力は水の泡です。

しかし、ユーザーが、そして最終的にベンダーも選んだのは、ベンダー各社の独自OSではなく、UNIXでした。共通OSの登場でアプリ開発のハードルが下がり、便利な機能が次々と開発されていったからです。

開発の主導権を、ハードウェアベンダーの手から奪い取り、ソフトウェアベンダーに渡したという意味で、UNIXの登場はまさに革命だったのです。ちなみに、私たちが現在使っているOSはいろいろありますが、すべて、このUNIXを原点としてつくられています。

たとえば、コンピュータを使っていると「ファイル」という言葉を使いますよね。デジタルデータの列としての集まりを「ファイル」と定義し処理しようという提案は、UNIX(をつくったデニス・リッチー)から生まれたのです。

プラットフォームが独占的な地位を得ることの功罪

現在、インターネット上で議論になっているのは、グーグルやアップルなどのプラットフォームビジネスです。アンドロイド向けのアプリであれば、そのスマートフォンがサムスン製でも、グーグル製でも、ソニー製でも、シャープ製でも、同じように利用できるのは、まさにアンドロイドＯＳが共通のプラットフォームだからです。

ハードウェアに依存しないＯＳの登場で、巨大なアプリ市場が生まれたわけですが、その一方で、すべてのアプリを一手に扱うプラットフォーム企業が独占的な地位を得るという別の問題が生じます。とくにアップルという一社だけが手がけるiPhoneでは、その傾向が顕著です。ｉＯＳ上で動作するすべてのアプリの窓口であるApp Storeがその独占的な地位を利用して、不当に高い手数料を得ているとして、人気ゲーム開発企業によって提訴されたりしています。

今回のコロナ禍でも、新型コロナウイルス接触確認アプリをつくるのに、グーグルとアップルの同意がなければ何もできない、という問題が起きました。結果的に、彼らの協力によって接触確認アプリは実装されたわけですが、国の命運を左右するような事柄に対しても、一私企業にここまでパワーをもたせていいのかという議論は、当然あります。

しかし、ＯＳが標準化され、共通の基盤を提供してくれているおかげで、きわめて短期間でアプリ開発ができたというのも事実であり、その始まりと共通原則として「標準化」に対する哲学のような原点を発生させたのがＵＮＩＸだったということです。

別々の道を歩んだ七〇年代

ＵＮＩＸとＡＲＰＡＮＥＴ、このふたつのルーツには、もうひとつ、共通点があります。Ｕ

NIXはベル研究所がつくったOSでしたが、ARPANETをつくったのは電話会社ではなく、ARPA(現在のDARPA(ダーパ):アメリカ国防高等研究計画局)のお金でUCLA(カリフォルニア大学ロサンジェルス校)などの研究機関で開発がすすめられました。つまり、特定の企業に依存していなかったことが重要で、ベンダーロックイン(独自技術に大きく依存した結果、利用者やアプリケーションビジネスまでが、開発元のベンダー以外への乗り換えが困難になること)が起きないという研究体制が、このふたつの出発点なのです。

かたやコンピュータ村(ムラ)、かたや通信村(ムラ)で起きた別々の革命。一九六九年に誕生したふたつの革命のルーツは、一九七〇年代を通じてそれぞれに発展しました。

ベル研究所というのは、ノーベル賞受賞者をたくさん出している独立した研究所です。そこにケン・トンプソンとデニス・リッチーが中心になったOSのグループがあって、その人たちが一生懸命、UNIXを開発していました。

一九七〇年代後半のある年、ベル研のケン・トンプソンが、サバティカル(長期休暇)を取って、UCバークレー(カリフォルニア大学バークレー校)にやってきました。彼の講義は、バリバリのOS開発者がその中身を教えるというもので、UNIXの仕組みが全部わかるといった授業内容でしたから、学生にも大人気でした(私も後に日本でUNIXカーネルのソースコード解説という講演を学生時代にやりました)。

その授業を受けていた学生の中に、のちにＢＳＤ（Berkeley Software Distribution）開発のスターエンジニアとして有名になるビル・ジョイがいました。私は、カリフォルニア大学に在籍していたわけではありませんが、ビルと仲が良くて、ＣＳＲＧ（コンピュータシステム研究グループ）に紛れ込んでいました。ビルとは七〇年代を通じてＵＮＩＸの研究と開発をずっといっしょにやっていた仲間だから、そのときの体験が私にとっての原点です。

その頃の私は慶應義塾大学の学生で、相磯秀夫研究室に所属していた所眞理雄さんといっしょに、ＵＮＩＸとＵＮＩＸをつなぐネットワークの研究（つまり、インターネットの研究）に携わっていました。

一九八三年、ふたつのルーツがひとつに

ベル研究所はＵＮＩＸのソースコードを配布していたので、各大学は当初、独自にＵＮＩＸを改良して使っていました。しかし、やがてＵＣバークレーのビル・ジョイが開発したＢＳＤが使い勝手がいいということで、他の大学でも採用されていきます。私たちも最初はベル研からＵＮＩＸを入手していたけれど、ＢＳＤバージョンを使うようになります。そうして、世界中の大学がＢＳＤに切り替わったタイミングで登場したバージョンが、４・２ＢＳＤでした。

これは、私たちも研究していたＵＮＩＸによるコンピュータがネットワークを初めて組み込

んで、ＢＳＤとして実現したＯＳでした。ＤＡＲＰＡがネットワークＯＳの研究開発をビル・ジョイがいたＵＣバークレーに研究依頼をした結果、生まれたものです。ＢＳＤはこのバージョン４・２から、ＡＲＰＡＮＥＴの通信プロトコル（コンピュータ同士を接続するときの取り決め）であるＴＣＰ／ＩＰを組み込みます。つまり、４・２ＢＳＤはＡＲＰＡＮＥＴプロトコルを世界にオープンにソースコードで配布させるＯＳとして開発されたのです。

ここに至って、ＡＲＰＡＮＥＴとＵＮＩＸという、インターネットのふたつのルーツが結びつきます。４・２ＢＳＤが正式にリリースされたのが一九八三年。前のバージョンの４・１ＢＳＤは既に世界の大学や研究所で使われていましたので、バージョンアップをすると４・２ＢＳＤを導入することになります。その結果、突如として、ＴＣＰ／ＩＰでお互いにつながることができるようになりました。これが世界中で一斉に起きたのが、一九八三年だったわけです。

それまでもＡＲＰＡＮＥＴではパケット交換がおこなわれていましたが、アメリカの資金援助を受けているクローズドなコミュニティにすぎませんでした。それがＵＮＩＸと結びつくことで、世界中の大学にオープンに広がったのです。しかもＢＳＤは大学からのソースコードでの配布ですから、世界のＯＳ研究者もネットワーク研究者も（いろいろバグも間違いもありましたが）ソースコードを読みながら、ＯＳやプロトコルの仕組みを理解することができました。

別々の歩みを進めていたパケット交換とＯＳが、４・２ＢＳＤの登場によって遂にひとつになった。それがインターネットの本当の起源だということは、あまり教科書には書いてありませんが、何度でも強調したいと思います。

ＢＳＤによるソースコードの配布には、現在でも大きな意味のある功績がたくさんあります。ここではふたつだけあげるとしましょう。ひとつはオープンソースです。世界中のソースコードを読んだプログラマが、間違いや改良を提案する、オープンで強力な開発環境がソフトウェアを発展し続けることです。そして、その意味は、技術がブラックボックス化しなければ、心配されるバックドアなどのセキュリティ上の怪しい仕組みは、もともと裸にされているのであり得ない、ということを示しました。

もうひとつ大切なことがあります。このような体制は大学によって創られたものでした。アカデミズムの役割は技術開発や標準化において、誰にも支配されない、本当にグローバルな協調と連携で、新しい知の発展を支援することなのです。まさに、インターネット文明の起源がここにあるのだと思います。

シリコンバレーのスタートアップ文化

そのＵＣバークレーのビル・ジョイは、４・２ＢＳＤを開発中に、ある人物とスタートアップの準備をはじめます。それが当時、スタンフォード大学の学生だったアンディ・ベクトルシャイムです。

スタンフォードとUCバークレーは、サンフランシスコ湾をあいだに挟んで、ライバル関係にあります。スタンフォードはお金持ちの私立大学で、UCバークレーは州立大学ですから、日本でいうと慶應義塾大学と東京大学のような関係です。お互いに仲が良いような、仲が悪いような、微妙な関係にあるわけです。

私はビルと同級生で、いっしょに修士号を取って、いっしょに博士号を取ろうという話をしていた仲でした。そのビルが、あるとき、「今度、アンディと会社をつくっていっしょにやるんだ。面白いんだよ」と言ってきます。それで私も、アンディがいたスタンフォードユニバーシティ・ネットワークに行ってみたのですが、そこのコンピュータセンターのセンター長が「スタンフォード大学のすべての研究者が研究に専念できることが、自分たちのミッションである」と語ってくれました。つまり、スタンフォードの研究者が思う存分研究できる場をつくるために、自分たちのシステムをつくっているというわけです。今考えると、デジタル社会のインフラ責任者の元祖みたいなひとでした。

スタンフォードユニバーシティ・ネットワークのアンディをリーダーとしたグループと、UCバークレーCSRGのビル・ジョイが組んで一九八二年に立ち上げたのが、SUNマイクロシステムズというベンチャーです。社名のSUNは、スタンフォードユニバーシティ・ネットワークの頭文字からつけられました。これが、シリコンバレーベンチャーの成功例のオリジンなのです。

こういったインターネットの歴史は、その現場にいた人にしかわかりません。だからこそ、私は繰り返しそれを語るのです。

研究者の情報共有のために開発されたウェブ

では、ワールドワイドウェブ（以下、ウェブ）三〇年というもうひとつの節目は、どんな意味をもっているのでしょうか。

一九八〇年代を通じて、大学と研究所のネットワーク（のちのインターネット）が普及していました。そして、CERN（セルン）（ヨーロッパ原子核研究機構）というスイスの研究所で、コンピュータのシステムまわりの開発をしていたティム・バーナーズ・リーが、一九八九年に研究者向けにつくったのが、ウェブの始まりです。CERNは素粒子物理学の一大研究拠点で、世界中に散らばった先端研究者が、自分たちの論文や研究成果のデータを共有して、共同研究を進めることを目指して、ウェブは生まれたのです。先端科学者の集うCERNで、そのデータと分析結果や論文を効率的に扱うことで、科学者は科学の発展にいかに専念できるか。ティムはこれを考えていたエンジニアだったのです。

つまり、スタンフォードユニバーシティ・ネットワークと同じく、ウェブも最初から、研究者の自由な研究を支えるシステムとしてつくられたわけです。

こうした考え方に、私もすごく共感しました。ミッションという言葉の意味をはじめて本当に理解したのは、スタンフォード大学でコンピュータセンターのセンター長の言葉を聞いたときでした。

私も学生時代、ビルと出会う前から、こんなふうに思っていました。自分が将来ノーベル賞をとるような科学者になれるかといえば、きっとなれないだろう。でも、ノーベル賞をとろうとしている科学者が研究しやすい環境をつくるエンジニアリングなら、自分でもできるのではないか。エンジニアの理想のようなものをそこに感じていたのです。

私がインターネット研究にのめりこんだのは、それも理由のひとつだったと思います。そして、人と社会に貢献できる自律分散システム環境をつくるというライフワークに取り組んだルーツも、そこにあったと思います。

変わり続けるインターネット文明

パンデミックの歴史的な時に迎えた、インターネットの五〇年、ウェブの三〇年というのは、その成立当初から、人間の創造性や発想力を引き出し、人類の課題を発見しみんなで解決する、そして、人類の夢を実現するための基盤づくり、という面がありました。そのために必要なネットワーク環境やプラットフォームをどうやって構築するか。そんな思いをもった人たちの手で、インターネットは現在の姿になってきたのです。

インターネットの登場で、私たちの生活や社会、文化、考え方、価値観が大きく様変わりしました。現在も、その変化の波は途切れることなく続いています。それは、インターネット文明がもともと、停滞よりも前進を、反復よりも創造を、過去よりも未来を希求するように設計されているからです。

インターネット文明は、のびのびと仕事ができる自由でオープンな環境さえ用意すれば、能力のある人はどんどん勝手に伸びていく、そのような場を用意することが、自分たちの使命であり、誇りである、という考え方をもつ人たちの手によって誕生しました。そこで生きる人が創造性を発揮したり、新しい問題を解いたり、新しいものを創り出したりして、自分たちの夢を実現する。そのためのプラットフォームを一生懸命つくることが、インターネットのこれまでの歴史であり、この先もそれは続きます。

その原理、原点を知るためにも、パケット交換とＯＳという、インターネットのふたつのルーツを理解していただくことに意味があるのです。

第2章　テクノロジーと共に生きる

1　ＡＩとインターネット

生まれたばかりのサイバースペース

一九九〇年初頭のインターネット黎明期。インターネットをつなげていくルータやスイッチという機器が普及しはじめました。それによって、世界各地の大学のコンピュータ同士が結ばれます。そして、大学を中心に国境と時差を飛び越えて、研究者同士がつながるアカデミックネットワークが急速に発展します。

一九九〇年に勤務校である慶應義塾大学ＳＦＣ（湘南藤沢キャンパス）ができたばかりのころ、授業中に西海岸のＵＣバークレー（カリフォルニア大学バークレー校）や東海岸のＭＩＴ（マサチューセッツ工科大学）の名の通った連中にいきなり「まだ起きてる？」などと文字で話しかけて、「起きてるよ」と返事が来れば、学生はみんな大喜びで対話が始まりました。オンラインチャットが当たり前になったいまとなっては、実に他愛のないことですが、当時はお互いにめずらしくてそれだけで楽しかったのです。

こんなエピソードがあります。あるとき、学生から「先生、それ違います」と指摘されて、教師は「自分はこの教科書を一〇年も教えてきたんだぞ、学生に何がわかるのか」と腹を立てました。ところが、「先生、いまこの瞬間その著者に聞いてみたら、そうじゃないって言っています」と反論されて泡を食ったというのです。リアルタイムでやりとりできると、そのようなことが授業中に起きてしまう。それが、私が教員となってからのインターネットのリアルタイムコミュニケーションとしての原体験です。

文字でやりとりするというプリミティブな機能がとても新鮮でした。いまでは、Ｘやインスタグラムで有名人（インフルエンサー）をフォローしておくだけで、世の中のトレンドがつかめますが、当時はそのような何気ないことが楽しいわけです。

インターネットがまだ本格的に普及する前、一九九〇年代前半のサイバー空間に参加していたのはわずかな人たちでしたが、とても楽しい空間でした。サイバースペースという言葉自体も、ウィリアム・ギブスンのＳＦ小説『ニューロマンサー』から出てきた言葉ですから、インターネットにはＳＦの世界が現実になったような不思議な魅力がありました。

構文解析ツールとしてのＡＩ

私は昔から、人間のためにコンピュータが動く、という概念に興味がありました。卒業論文のテーマも、「コンピュータは人間のためにどれだけ役に立つか」でした。ただ、私が所属していた情報処理学会に参加しているのは、当たり前のことですが、コンピュータサイエンティストばかりで、ソフトウェアやハードウェアの設計についてひたすら研究していたわけです。

ところが、一九八〇年代初頭にはじめてスタンフォード大学に行ったときに驚いたのは、哲学科の人間がコンピュータを使っていたことでした。アンディ・ベクトルシャイムがいたスタンフォード大学のネットワーク部門が、哲学科にもコンピュータを提供していたのです。当時、DEC(Digital Equipment Corporation)のコンピュータがUNIXと親和性が高いということで、UNIXを搭載したDECのコンピュータがスタンフォードの哲学科でも使われていました。

しかし、それが使える環境にあることと、実際に使うこととの間には、大きなギャップがあります。そこにコンピュータがあるというだけでは、「なぜ、哲学科の人間がコンピュータを？」「哲学にどうやってコンピュータを使うのか？」という根本的な疑問は残ったままです。

それまでコンピュータというのは、弾道を計算し放物線を描く物理学、自動車や航空機の設計にまつわる流体力学、天文学など、膨大な計算を解かなければいけない分野で使われるのが常識でした。それなのに、なぜ哲学科がコンピュータを？

哲学科では、コンピュータに哲学書を打ち込んでいました。まだOCR(光学文字認識)がない時代ですから、全部手入力です。英文では単語と単語の間にスペースがあるので、分かち書きで単語を読み込んで、それを並べ立てれば、単語の数を数えることができます。これはプログラミングの基礎です。とはいえ、哲学科の学生が哲学書を丸々一冊打ち込んで、カントがどの言葉をどういう頻度で使っているかを分析していたのですから、たいへん驚きました。

「哲学のためにコンピュータを使う！」

一九六〇年代、七〇年代から、文章のロジック、構文をコンピュータで解析していく分野が生まれ、文法の構造や論理構造を明らかにしようという研究がおこなわれてきました。構文解析にコンピュータを使うというのは理解していましたが、まさかここまで人海戦術的なアプローチがあるとは思っていなかったわけです。哲学というのは、その言葉の意味するところを議論して解明する学問だと思っていたのに、バラバラにした単語の登場頻度を見るだけで哲学を語るというのは、(私の家系は教育哲学系の学者ファミリーですので)まさに青天の霹靂でした。

最初のAIは、そのような構文解析を中心としたものでした。言語を通じて物事を考える人間の脳の働きを、どうすればコンピュータで再現できるか。人間の論理構造を再現するアプローチは、当時はロジックプログラミングと呼ばれていて、そのことの重要性がだんだんわかってきたところで、日本でも八〇年代に第五世代コンピュータという、(初期の)AIを中心とした国家プロジェクトが登場したわけです。

ところが、第五世代コンピュータで論理構造を分析しようとすると、大量の辞書が必要で、しかも構文解析ではツリー状に計算が次々と分岐してくるので、コンピュータのリソースが全然足りない。当時はいまほど速いコンピュータがなかったので、そこがボトルネックになってしまった。要するに、当時のＡＩで挑戦しなければならなかったのは、コンピュータの（特に並列）処理能力だったのです。

スタンフォードの哲学科に話を戻しましょう。哲学というのは本来、人間の思考を学ぶものです。そのときにコンピュータを使い、人間がもつ知恵をデータとして、あるいは人間のふるまいをデータとして、計算により分析すれば、それまで見えていなかった人間の別の面を学ぶことができるわけです。これが、私にとってのＡＩの原体験でした。

単純な統計処理をこつこつとやると、人や思想が見えてくる。このようなアプローチは、大規模なデータと統計処理をもとにした現在のＡＩに結びつく発想の萌芽だったと思います。

チャットボットから自動翻訳へ

こうした構文解析や論理構造を追究したＡＩのアプローチは、その後も命脈を保ち続け、現在はチャットボットと呼ばれる自動応答システムや、アップルのSiri、アマゾンのAlexaのような音声アシスタントに姿を変えて発展的に生き残っています。どちらも、人間が何かを言うと、その構文を解析して返事をするタイプのＡＩです。

このタイプのＡＩは、一九六〇年代に開発されたＥＬＩＺＡ（イライザ）というソフトウェアまでさかのぼります。非常にシンプルな自動応答システムで、人間が「おはようございます」と入力すると、「おはようございます」と応答が返ってくる。「きょうはどんな洋服を着ているんですか？」と聞けば、「なんでそんなことを聞くんですか？」と、逆に問い返してきたりする。人間がさらに「聞きたいから」と入力すると、今度は「黄色い服を着ています」などと、それっぽい答えが返ってきたりするのです。

構文を見て解析し、時々聞き返す。さらに、辞書ツールから適当な言葉を選んで「黄色い服」と答える。たったそれだけのことなのですが、実際に試してみると、その反応がおもしろくて、夢中になって朝まで対話を楽しむような人が続出しました。しかしながら、ＥＬＩＺＡは対話の中身を理解して応答しているわけではなく、機械的にそれらしい答えを返しているだけなので、「人工無能」と揶揄されもしました。こうした人間の発する言葉を構文解析して応答するシステムをルーツとするＡＩが、現在はチャットボットや音声アシスタントになっています。

ここ数年で、劇的に精度が向上して、ニュース記事や各種のマニュアル、レストランのメニュー表記などでは十分実用に耐えるレベルになりつつある自動翻訳機能も、原文（たとえば英文）を入力して、それに対応した訳文（たとえば日本語の文章）を返すという意味で、自動応答システムの変形といえます。翻訳精度の向上には、次にあげるディープラーニングの登場も大きく関わっていますが、構文解析ツールとしてのＡＩがそのルーツにあったわけです。

こちらの指示にしたがって、自然言語による応答を返したり、画像や動画、音楽を自動で生成する生成ＡＩが注目を集めています。たとえば、オープンＡＩが開発したチャットボット「チャットＧＰＴ」が、あたかも人間が回答したような文章を返してくると話題になりました。もちろん、その精度の高さには目を引くものがあるものの、結局のところ、言語の分析に戻っているという意味で、私の目には、昔から追求されてきた、古くて新しいテーマに回帰したように映ります。ただ、処理能力と情報のドメイン(領域)を考えることにより、とんでもない意味を持ってくることがわかっています。そこが、新しいインターネット文明の生み出す文化でもあると思います。

ビッグデータ分析が可能に

ＡＩの背景にはもうひとつの大きなルーツがあって、そちらが花開いたのは、一九八九年にティム・バーナーズ・リーがウェブをつくったことがきっかけでした。

それまでも、ネットワークにつながったユーザーが自由に書き込める電子掲示板の集大成のようなネットニュースというソフトウェアが流行っていて、日本でもＪＵＮＥＴ(ジェイユウ)(Japan University NETwork)を通じて見られるようになっていました。ここに大量の「つぶやき」が載っているわけです。いまのＸのデータベースのようなものです。

すでにそのようなデータがあったので、その中身を分析して、書き込んだ人たちの人間関係を明らかにするといった研究が、心理学の分野でも始まっていました。日本でも、NTT基礎研究所の野島久雄さんが、ネットワーク上を飛び交っている公開メッセージの中身を分析して、人間関係を明らかにする研究を進めていました。しかし、まだ散発的で、主流になるにはほど遠い状況でした。

それが、一九八九年にウェブの発明により一変します。最初のウェブブラウザ(間にスペースがないWorldWideWebという名前でした)が、同じティム・バーナーズ・リーによって公開されたのが一九九一年。それ以来、インターネット上のデータの総量は倍々ゲームで増えていきます。それによって、ネット上にあるデータをロボット検索すれば、人間が生み出した大量のテキストデータを効率よく集められるという現在の環境が生まれたわけです。こうして集められた大量のデータを分析すると、さまざまなことが見えてきます。このようなビッグデータ分析で勢いづいてきたのが、データサイエンス系のAIです。

同じAIといっても、構文解析系のAIと、データサイエンス系のAIという、毛色の違うふたつの大きな潮流があったわけですが、それぞれに大きな障壁がありました。前者では高速の計算、後者ではビッグデータの並列処理という、いわばハードウェアの性能です。そのせいで民間において実用化されるにはリソースが高価すぎました。

CPUの処理能力

ところが、一九九〇年代にインターネットが普及すると、コンピュータの計算能力が飛躍的にアップします。コンピュータの処理能力を左右するCPU(Central Processing Unit: 中央演算処理ユニット)の性能が年々向上し、たとえば、二〇〇七年に登場した初代のiPhoneは一九九七年のパソコンより何万倍も性能がいい、といったことが次々に起きました。

さらに、それまでは自分のコンピュータのハードディスクに、必要なデータをダウンロードして分析する必要があったので、大量のデータを格納するためにハードディスクを次々と買い増さなければいけませんでした。しかしインターネットが高速化すると、データは全部ネットワークの向こう側に置いたまま分析すればいい、というふうに変わってきた。そうなると、自分の手元にあるコンピュータは非力でもかまわないわけです。いわゆるクラウド・コンピューティングの出現です。

クラウドという言葉は、我々インターネットの開発者が、エンド・ツー・エンドの概念でインターネットの仕組みを考えるときに、最初と最後のコンピュータ以外は面倒なので、雲のような絵をいつも描いていたことに由来します。

複雑で高度な計算処理は全部クラウドの向こう側で集中しておこなうことになるので、個々のコンピュータがバラバラに計算していたときと比べると、はるかに安く計算できます。計算能力が最適化されただけでなく、データセンターで桁違いのビッグデータを格納できるようになったために、大量のデータをものすごく安く扱えるようになりました。

そのおかげで、たとえばスマートフォンで音楽を聞けるようになったり、パソコンで高画質動画を視聴できるようになったりしたのです。デジタルカメラで撮影した画像を保存するだけでハードディスクの容量がいっぱいになり大騒ぎしていたのは、それほど昔の話ではありませんが、いまはそんなことを気にする必要はありません。全部クラウドに置いておけるからです。というわけで、ＣＰＵの計算能力が上がり、みんなで共有しているおかげで、高速の計算がものすごく安くできるようになった。構文解析系のＡＩの進化のボトルネックとなっていた問題がある程度解消されたわけです。

ＧＰＵの普及とディープラーニング

もうひとつのボトルネックだった並列処理についても、大きな進展がありました。

実は、最も並列処理が必要なのはコンピュータの画面の処理なのです。デジタル画像というのは非連続のドット(点)の集合で、それぞれのドットを何色で表示するのか、次の瞬間に何色に変えるのかをすべて同時に、つまり並列処理して表示されています。そこで、画像を表示することに特化したプロセッサーが登場します。それが並列処理を得意としたＧＰＵ(Graphics Processing Unit：画像処理ユニット)なのです。

当初は粗いドットしか表示できなかったので、カクカクしていた画像が、いまではコンピュータで３Ｄゲームをなめらかに表示できるようになったし、高画質で映画を観ることもできるようになったのは、ＧＰＵのおかげです。コンピュータゲームの発展や高精細画像・動画の普及によって、複雑な画像処理をこなすＧＰＵがたくさん売れました。その結果、ＧＰＵはどんどんコモディティ化して、安く買えるようになったのです。

そして、安くなったＧＰＵを画像処理ではなく、ＡＩの並列処理に使えばいいと気づいた人たちがいました。そうして出てきたのが、ディープラーニング(深層学習)と呼ばれる機械学習の手法です。

ウェブ時代になって簡単に入手できるようになったのは、人間が入力したテキストデータだけではありません。通信速度が向上し、ストレージ容量が倍々ゲームで増えていくと、インターネット上にも、大容量の画像や動画があふれかえるようになりました。そうした画像を使って、そこに何が写っているのかを認識する画像認識の領域で圧倒的な成果を出して世間を驚かせたのが、ディープラーニング系のＡＩです。

ディープラーニングでは、大量のデータや言語をソフトウェアのモデル、すなわち、ＡＩに読み込ませることで、ＡＩが自ら学習して、データの特徴をつかむことができます。ビッグデータ分析では、人間が「こういう特徴があるデータを抽出して」と指示を与えることで分析を加えていたわけですが、ディープラーニングは人間が教えることなく、自ら特徴を見つけるところが画期的でした。いまでは、ディープラーニング系のＡＩの対象は画像認識から大きく広がり、自然言語処理や自動生成の分野でも、次々と驚くべき成果をあげています。

デジタルテクノロジーのスケールメリット

このように、デジタルテクノロジーの世界では、スケールメリットが非常にドラスティックな形で生まれます。現在一〇〇〇円だったものが、一〇年後に一円になる。現在一万円だったものが、一〇年後にはタダになる。そのようなことがあちらこちらで起きるのがコンピュータサイエンス系の技術です。

たとえば、ＧＰＳ（Global Positioning System: 全地球測位システム）。私が一九九〇年代に実験で使ったときは、受信装置一台が四〇万円もしました。ところが、いまはすべてのスマートフォンのチップに組み込まれていて、利用料がかかっているはずだということすら、ほとんどの人は考えたこともないでしょう。これがデジタルテクノロジーのスケールメリットです。

私は学生にテクノロジーの研究態度を教えるとき、「今回は一〇億円かけて実験していい。

そのための研究資金はどこかから取ってきてやる。けれど、これは一〇年経ったらタダになるかもしれない。そうなったらどういうことができるのかを考えて研究しなさい」と言い続けていました。デジタル技術のコスト面では、信じられないような価格破壊が思ってもいない分野が起点となって、現実に起きるからです。

膨大な計算が必要でも、「いまは一〇日かかるかもしれないけど、考えておけ。そのうちそれは一秒でできるようになるかもしれない。だから、そのようなイマジネーションをもって開発しなさい」と言っています。研究は最初からそのような発想で取り組む必要があるのです。

人間いらずのＡＩ

話をＡＩに戻すと、計算処理と並列処理に関わるプロセッサーの部分にイノベーションが生まれて、ハードウェアのコストがドラスティックに下がってきた。それによって、ディープラーニングという新しい手法が登場し、ＡＩがこれまで以上にリアリティをもって私たちの生活に浸透してきたわけです。

二〇一六年に囲碁の世界チャンピオンを破って注目を集めた囲碁ＡＩのAlphaGO（アルファ碁）は、ディープラーニングの名前を世間に広めました。コンピュータ囲碁も、昔のように論理ツリーで分岐を全部計算していたときは、人間には絶対勝てないと言われていました。ところが、ディープラーニングを入れて、自分自身と対局させる自己対局を何千万回も繰り返していけば、その壁を突破できることが証明されたのです。

AlphaGO がなぜその手を打ったのか、その理由は人間にはわからなくとも、過去のパターンからすれば、こうすると勝つ確率が上がることがわかっているから、その手を選ぶ。それを繰り返すことで、ついに人間を凌駕するところまで到達したわけです。

しかし、本当の驚きは翌年の二〇一七年にやってきます。自己対局を繰り返すことで強くなる AlphaGO はそれでも、人間の棋譜をベースに学習するというステップが残されていました。ところが、二〇一七年に発表された AlphaGo Zero は、囲碁のルールを教えただけの、まったくの初心者の状態からスタートし、わずか数日自己対局を繰り返しただけで、人間の世界チャンピオンを破った AlphaGO を打ち負かすレベルに達したのです。もはや囲碁ＡＩを鍛えるのに、人間の棋譜は必要ないということです。

人間がＡＩに取って代わられることはない

こうして見てくると、ＡＩの進化とインターネットは不可分の関係だということがわかるはずです。インターネットで大量のデータの共有ができるからこそ、それを素早く処理できるようにハードウェアが進化してきたし、大量のデータをインターネットの向こう側、つまりクラウドに置いておくことで、計算能力を集中させることができたのです。

では、AIはこれからどこに向かうのでしょうか。

計算処理や並列処理にかかるコストは、より安くなります。巨大なデータの処理はどんどん進み、集められたデータの記憶もどんどんふくらんでいきます。そうなると、もはや人間の分析能力では追いつきません。だからこそ、時間をかけたり、規模で考えるようなことは、人間ではなく、AIに期待して進めていくことになります。

そう言うと、「人間のやることはどこにあるの?」という疑問を持つ人がいるかもしれませんが、私は、人間のやることのすべてがAIやソフトウェアによって置き換えられるとは考えていません。むしろAIが人間の苦手な部分を代行して、サポートしてくれるようになるので、人間のポテンシャルが発揮される分野はこれまで以上に広がると、期待しているのです。楽観的過ぎるでしょうか?

コピーと学習は似て非なるもの

さらに、自ら学習し、自ら新しい創作物を生み出す生成AIが登場したことで、自分たちの創作物が勝手に学習データに利用され、生成AIに盗まれるのではないかと心配する人が増えているようです。これまで人間だけの領域だと考えられてきたクリエイティブな領域にまでA

Iが進出してきたことに、脅威を感じる人がいるのは理解できますが、過度に恐れる必要はないと思います。

そもそも人間も、誰かが生み出した成果物を真似することで学習します。赤ちゃんが言葉を覚えるのは、母親や父親の真似をするからだし、作家が文章を、画家が絵を、作曲家が音楽を学ぶのも、最初はすべて他人の真似から入るものです。真似しているうちに、独自のスタイルを身につける。学習というのはすべからくそのようなものなのです。

学習して、自分なりに咀嚼したものをアウトプットすれば、それはその人の創作物になります。そうではなく、丸ごとコピーすれば、著作権法違反で問題になることがあります。生成AIも同じで、丸ごとコピー&ペーストすれば問題ですが、学習した成果をアウトプットしたときに、「学習データとして自分の作品が勝手に使われた」と主張するのは、筋違いのように感じます。そう主張する本人だって、修行時代には、多くの先達の作品を勝手に学習素材として利用してきたはずなのですから。

自分が表現して公開した作品は、ほかの誰かから、学習のために利用される可能性が常にあります。それが嫌なら、誰にも公開せずに秘匿するしかないわけです。ほかの人に見てほしい、でも絶対に真似されたくない、というのは無理があると思います。学習する相手が人間かAIか、というのは、それほど大きな違いがあるとは思えません。

2　IoTとインターネット

RFIDから始まった「モノのインターネット」

インターネットの普及で膨大なデータが蓄積されるようになったわけですが、データを生み出すのは、いまや人間だけではありません。各種のセンサーを搭載したマシンが日々、新しいデータを生み出し続けています。

IoTは「モノのインターネット(Internet of Things)」と呼ばれますが、あらゆるモノがインターネットにつながり、自動的に集めたデータをアップロードし続ける。それによって、人間のふるまいや判断だけではなく、さまざまなことがAIの分析対象になってきます。

Internet of Thingsという言葉は、MITのケビン・アシュトンが、RFID(Radio Frequency Identification: 非接触タグ)による商品管理システムをインターネットになぞらえて使ったのが最初だとされています。

RFIDというのは、洋服などについているタグのことで、それぞれユニークな番号が付いていて、無線リーダーで読み取ることができます。それぞれの番号は商品データベースと結びついているので、リーダーをピッと当てれば、どの商品が売れたか、どの品物が貸し出されたかが瞬時にわかる仕組みです。

ＲＦＩＤの開発のきっかけとなったのは、バーコードです。製品パッケージに直接印刷されたバーコードは、商品名や生産地、生産ロットなどの情報が入っていますが、同じロットの製品にはすべて同じバーコードが印刷されることになります。しかも、バーコードに入れられる情報は決して多くありません。そこで、製品ごとに別々の番号をつけるために開発されたのが、ＲＦＩＤでした。無線で反応するチップに、一点一点ユニークな番号を付与すれば、商品管理や在庫管理が簡単にできるし、食のトレーシング（生産地などをさかのぼって調べること）などにも使えます。そのような発想が「モノのインターネット」の原点にあったわけです。

ＩｏＴとＱＲコード

ロットごとに同じものが印刷され、情報量が少ないバーコードでは限界がある。そこで、商品の単品管理のために開発されたＲＦＩＤでしたが、二次元バーコード、つまりＱＲコードが登場したことで風向きが変わります。

ＱＲコードには、バーコードより多くの情報が入るだけでなく、インターネットのデータベースと結びつくことで、スマートフォンのカメラがリーダー替わりになります。インターネットを通じてスマートフォンの画面にＱＲコードを表示させ、それをスマートフォンのカメラで読み込めば、印刷の手間もなければ、リーダーを買う必要もありません。それによって、結果的にＲＦＩＤと同じことが安くできるようになったのです。

ＱＲコード決済がまたたく間に世の中に普及したのには、そうした背景がありました。その意味で、ＱＲコードの普及と発展は、ＩｏＴの最初の議論の成果とも言えるかもしれません。

大学の責任

ＵＮＩＸのところで出てきたＵＣバークレーやスタンフォード大学もそうでしたが、ＭＩＴも、ただ技術を研究開発して終わりではなく、その技術を広めるところまで大学がやり切ろうとする姿勢がはっきりしていました。

ＵＣバークレーはソフトウェアを無料で世界中に配っていました。開発段階のベータ版を配ることは、いまでこそ当たり前になっていますが、当時からそれをやっていたわけです。ＭＩＴもＲＦＩＤの技術を世の中に出すまで責任をもつ。大学は論文を書いておしまいではなく、世の中をひっくり返すようなことをやって実社会に貢献する。それが当たり前のことだったのです。

私は若いころにアメリカのスタンフォード、ＵＣバークレーやＭＩＴに衝撃を受けました。それまでの私は、大学は論文を書くところで、その論文の内容を実用化し世の中に役立てるのは民間企業の役割だと教えられていました。日本のアカデミズム、とくに工学部はそのような考えが主流でした。しかし、アメリカの先駆的な大学、なかでも当時私が親しくしていた三つの大学が、そろいもそろって違う発想で動いていたわけです。

大学は、論文で示された技術を世の中に出すまで責任をもつ。産業界も、大学と共同研究をおこなうので、論文を書くというプロセスまで入り込んでいる。私はその後、日本の研究チームを率いるときにはいつも、企業の人たちを呼び込んで研究開発を一緒にやり、企業がその成果を世の中に出すまで手伝うという姿勢で、研究マネジメントをおこなうようになりました。

IoTには無線通信とコンピュータの小型化が不可欠

MITのケビン・アシュトンは、RFIDによる商品管理システムを「モノのインターネット」と呼びましたが、これはおそらく、グループの一員のインターネット屋だった私に向けたアナロジーだと思っています。私たちインターネット屋は、いずれあらゆるモノがインターネットにつながる日が来るだろうという夢を、当時からもっていました。

たとえば、コーヒーカップがインターネットにつながっていたらどうなるか。コーヒーがおかわり自由のお店では、コーヒーを飲みきったら「おかわりください」と店員に声をかけて注ぎ足してもらいます。ところが、コーヒーカップがインターネットにつながっていれば、カップの中のコーヒーの量を常時センサーで感知して、空になったタイミングで追加のオーダーを自動でかける。これこそ、本当のＩｏＴだろうという思いがあったわけです。

あれから何年もたちました。実際、コンピュータがどんどん小型化してきて、どの家庭にもインターネットが Wi-Fi で提供されている、こんな夢がほぼ現実になりました。そうなると、たとえば、体重計がインターネットにつながります。毎日体重計に乗るだけで、その記録がインターネットにアップされ、「目標体重に対して何キロ重い」「三〇分エクササイズが必要」といったアドバイスが届けられる。そうしたことが現実になっています。今ではあたりまえのシーンですが、Wi-Fi が普及する前にこのコンセプトを研究で示したときには、体重計をインターネットにつなげる手段がケーブルしかありませんでした。だから、ケーブルでつながったプロトタイプの体重計を作ったりしていましたが、ただ笑われただけでした。

自動車をインターネットにつなぐプロジェクト

あらゆるモノにコンピュータを載せる。その歴史にも紆余曲折がありました。コンピュータが大きすぎたからです。そして、振動にも弱かった。

私は一九九五年に自動車をコンピュータにつなぐインターネット・カーの実験をやっています。いまだから言えますが、国と企業から集めた研究費がなんと二〇億円。それだけ資金に余裕があったので、タクシー一五〇〇台にプロトタイプのコンピュータとGPSを載せることができました。GPSは当時の値段で一台四〇万円ほどしました。大枚払って実験して、そのおかげで何人もの博士号取得者が出たくらい、画期的な研究でした。

コンピュータを自動車に積むと、すぐに壊れます。振動に弱いからです。とくにハードディスクがダメでした。そこで、車よりは揺れないだろうということで、鉄道会社と一緒になって、電車の中にコンピュータを組み込んだこともありますが、即座に壊れました。ですから、電車で移動するときに重いからといって、コンピュータの入っているバッグを床や網棚に置くことはおすすめしません。膝の上に置くほうがいい。膝が振動を吸収してくれるからです。

自動車にコンピュータを積もうと思ったのは、自動車にはバッテリーがついていたからです。しかし、車のバッテリーにラップトップのコンピュータをつないだら、すぐにバッテリーがあがりました。自動車メーカーの担当者が言うには、「車の電力はギリギリで設計してあるから、無理ですよ」と。そもそも、そんな余分なものを積むようにできていないというわけです。

ギリギリの製品に「余計な機能」を載せることのむずかしさ

当時、日産自動車の櫻井眞一郎というスカイラインをつくった神様みたいな人に、自動車にコンピュータを載せる私たちのプロジェクトの概要を説明したことがありました。「コンピュータを載せると位置がわかるので、車がもっているいろいろなデータをみんなで共有できます」と、いまのIoTの先駆けのようなレクチャーをしたのですが、「ばかやろう」と怒鳴られました。自動車づくりがまるでわかってない、というのです。

「そのコンピュータはいくらかかるんだ」と聞かれたので、小さな声で「二〇万円くらいはかかります」と答えると、「ばかやろう、車をどうやって売っていると思ってるんだ。ラジオにノイズが出た。コンデンサーを一個入れると直る。だけど、そのコンデンサーは一個一五円する。ラジオのノイズをカットするためだけに、そんなものを載せるのはどうなのか。結局、付けなかったんだ。自動車っていうのは、そうやって設計するものなんだ」とすごい剣幕です。

技術を人のために創るという櫻井さんの思いが伝わって泣きそうになりました。怒られたことなど、全然気になりませんでした。自動車も、テレビも、ギリギリでつくってあるわけです。そこに、余計な機能を載せてインターネットにつなぎ、センサーで読み込んだデータをインターネット経由で集めるという私たちの発想は、最初のマーケットとしてまったく受け入れられないことを痛感しました。

インターネットの普及や、コンピュータ部品の価格変化など、さまざまな要素のバランスがとれてこそ、商品価値として成立する。しかし、これが総合的に起こるにはさまざまな仕掛けと、ある程度の時間がかかることを学びました。

先ほどの体重計の話でも、体重計にコンピュータを入れて、データを読んで人間の健康に役立てるというのは、いまでこそ当たり前になりましたが、当時のモノづくりの感覚からは研究上の理想論であり、マーケット的にはあり得ない話だったわけです。

起爆剤となったカーナビ

しかし、受け入れてもらえないからといって、あきらめるわけにはいきません。いつかその日が来ると信じて、コンセプトモデルをつくることに注力しました。

自動車を選んだのは、バッテリーが付いているからです。インターネットにつながったモノを持ち運びたいと思っても、電池が要る。しかし、電池はそんなに長持ちしません。携帯電話も、当初は電池がもたなかった。すでに電池が付いていて移動できる成功例といえば、自動車しかありませんでした。だから、自動車に搭載されているバッテリーでコンピュータを動かせばいいと思ったのです。

ＩｏＴやスマートフォンのプロトタイプとして、人とともに移動する自動車は最適でした。私にとって自動車につながったコンピュータは、身に着けるコンピュータ、ウェアラブルコンピュータの先導者だったのです。

そうやって、あきらめずに取り組んでいると、あるとき自動車業界に革命が起こります。それが、カーナビゲーションシステムでした。目的地までのルートを教えてくれるカーナビは、一度使うと、その便利さが手放せなくなります。外付けのカーナビは当初一〇万円以上しましたが、だんだんと売れるようになっていました。私は内心ひそかに「ほら、言ったとおりになったでしょ」とガッツポーズをしました。たとえ高価でも、便利なものであれば使いたい人は喜んでお金を払うわけです。

いったん売れ始めるとあっという間に普及して、コンピュータはより高性能に、より小さく、より安くなっていきます。その動きをさらに加速したのが、二〇〇七年に登場したiPhoneです。スマートフォンはとんでもなく小さいコンピュータとセンサーのかたまりで、それが一〇億単位で売れていく。それによって、ますます高性能で、小さく、安いものが出てくる。

センサーとGPSを搭載した独立したデバイスに電池が付いている。このIoTの骨格となるコンセプトは、一九九〇年代から徐々につくられてきました。RFIDがあり、自動車があり、携帯電話があり、iPhoneの登場へと至る。それから先は、みなさんがすでに実感しているように、あらゆるものがインターネットにつながるようになるわけです。

3　5Gとインターネット

デジタルデータを送る道

インターネットの歴史の中で、技術的に大きな飛躍のきっかけとなる、根本的に新しいアプローチだったのは、無線通信を利用するようになったことです。ここでは、第五世代移動通信システム、通称5Gに至るまでの通信の歴史をざっと振り返っておきましょう。

コンピュータネットワークというのは、コンピュータとコンピュータをつないでデータを共有することから始まって、ネットワークのどこでどれだけ処理するのが最も効率的かという、分散処理の方法を追究してきました。クラウドコンピューティングというのは、そうした分散処理のひとつの形で、データも計算能力も一カ所に集中して共有するほうが効率的だから、端末側では処理した結果を受け取るだけでよい、とのコンセプトで進化してきました。

コンピュータは、数字でデータを処理します。デジタルデータとは、数字化できるデータのことです。たとえば、二進数でいえば、すべての数は1と0のふたつの数字で表現できます。一〇進数なら0から9で表現しますね。コンピュータは、文字でも映像でもいったん数字で表現できるデジタルデータとして処理をします。

では、デジタルデータを送る道にはどんなものがあるのでしょうか。遠く離れたコンピュータをつなぐのに利用したのは音声用の電話回線で、デジタル信号を音というアナログ信号に変換するモデムという技術を使っていました。デジタル信号は数値の列のことですが、それをいったん音に変換して音声電話回線を通して送信し、受信側でもう一度デジタル信号に復元するのです。

有線LANを張り巡らせた湘南藤沢キャンパス

電気信号は電線だけでなく、電波に乗せて送ることもできます。したがって、デジタルデータも電気信号にして、無線を使って送信して、その無線信号を受信した側で、抽出した電気信号をデジタルデータとして復元すればよいのです。光ファイバーも同じで、デジタルデータを光信号に変換し、光の波長に乗せて送ると、受け取った側でそれをもとのデジタルデータを抽出して復元します。

実は、インターネットの世界では、無線通信の実験も初期からおこなわれていました。最初はおもに通信衛星の利用から始まっています。インターネットの起源のひとつとなったARPANETでも、サテライト(衛星)を使ったSATNETというネットワークの研究をしています。無線通信技術は地上でもテレビ放送をはじめ、いろいろな形態がありますが、使い道は決まっていますので、コンピュータネットワークのような「新参者」が使う道は当初あまり考えられていませんでした。

無線というのはケーブルいらずの技術なので、我々としても、ぜひとも使いたかったわけですが、空いている周波数があまりない。だから、無線は当面無理だろうと思っていました。一九九〇年に誕生した慶應義塾大学SFCは、すべての学生にパソコンを持たせるというコンセプトでできた世界初のキャンパスで、少なくとも世界の五年先を行っていました。すべての学生にコンピュータを持たせるとなると、すべての席に電源とイーサネットのコネクタがあって、ケーブルを差せるようにしないといけない。無線がない有線LAN(Local Area Network)の時代は、それが当たり前だったのです。

無線LANの登場

そうこうしているうちに、無線LANの技術が出てきて、いまのWi-Fi(IEEE 802.11という規格を使った無線LAN)に周波数を割り当てようということになりました。

海を越えて隣の国に影響するような非常に低い周波数を除けば、電波というのは国ごとに周波数の割り当てを決められます。ITUによって、電気通信以外の産業・科学・医療用にISM(Industrial, Scientific and Medical)バンドを割り当てることが定められていますが、日本では「二・四ギガヘルツ帯」「五・七ギガヘルツ帯」などがそれに当たります。

このISMバンドを使って、コンピュータ同士をつなぐ無線LANをやろうということになりました。最初に決めたのはアメリカの工業規格で、ヨーロッパもそれにならったのですが、そこに問題がありました。日本のISMバンドは電子レンジなどとの干渉が問題となりました。つまり、電子レンジのスイッチを入れると、電波が干渉して、通信が遮断されてしまう可能性がある。しかし、欧米で先行してWi-Fiが普及し始めて、無線ルータなどの機器が出てくると、日本もその流れに乗らざるを得ません。そこで、電子レンジをつけたら通信が切れる可能性があることは承知のうえで、ISMバンドを使うようになったのです。

進化する日本の電波行政

周波数の割り当ては、日本ではいつでも問題になります。新しい技術が生まれて、この周波数を使わせてほしいと申請しても、すでにそこは別の用途で使われていて、いわば店子がいる状態だから、立ち退き問題がつねに発生するわけです。

日本は電波の利用については国際的に見ても非常に厳格です。軍事と民生利用の区別もあるし、ラジオ局やアマチュア無線などの関係団体にも力があって、観測結果に影響するため電波の乱れを非常に気にする天文台の存在も無視できません。ですから、電波は恐る恐る使うもので、申請してははねられるというのが、この国の電波行政の実態でした。

そのため、無線LANにISMバンドを割り当てると決めたときも、ひと悶着ありました。

「アメリカとヨーロッパがもうやっていると言っても、電波がそこから飛んでくるわけじゃないだろう」「電子レンジをつけたら切れるような、いい加減な通信でいいわけがない」という声も根強かったのです。

しかし、世界中で標準化されたWi-Fiデバイスが流通していくときに、日本だけ独自規格で通すのは無理があります。グローバルマーケットと相互運用性をとるか、国別のバリアを守るのがよいのか、という重要な岐路を経験したと思います。結局、電子レンジの電波が干渉するかもしれないという問題は棚上げされたまま、グローバルスタンダードのマーケットに譲歩する形で、ＩＳＭバンドの利用が決まったという経緯がありました。後発であるために、アメリカもヨーロッパも含んだ広いチャネル構成となり、結果として日本のWi-Fi用の帯域は世界で一番使いやすい形でスタートしたのです。これも周回遅れの先頭ランナーの利かもしれません。

その英断によって、日本でもWi-Fiが急速に発展していくことになりました。あっという間にコンピュータに物理ケーブルをつなげなくてもよい時代がやってきたのです。

コロナ禍で自宅Wi-Fiが切れる

二〇二〇年のＣＯＶＩＤ‐19によるパンデミックによって、人々がステイホームで自宅に閉じ籠もったとき、「これはたいへんなことになる」と私は思いました。棚上げされてきた問題が、いよいよ表面化するときが来たとわかっていたからです。

感染拡大を防ぐため、自宅でリモートワークをする人やオンライン授業を受ける人が急増した結果、自宅のWi-Fiが切れる人が続出しました。朝食や昼休みなどで電子レンジを使う人が多かったことも、その原因のひとつです。

家庭で使えるWi-Fi回線は、二・四ギガヘルツ帯の「IEEE 802.11g」を使うことがまだ多い。周波数の低い二・四ギガヘルツ帯のほうが電波は届きやすいので、スマートデバイスやスマート家電で普及しきっていたからです。

一般に、周波数が高いと直進性が強く、あいだに障害物があると届きにくいのに対して、周波数が低いと障害物があっても回り込んで電波が届きます。その代わり、周波数が低いと通信速度が遅い。つまり、一度に送信できるデータ量が少ないわけです。

日本では、Wi-Fiの立ち上がりも、スマート家電も順調に推移したために、自宅のWi-Fiでは二・四ギガヘルツ帯の「IEEE 802.11g」を使っている人が多かった。ところが、二・四ギガヘルツ帯は電子レンジやBluetoothでも利用されていて、電波の干渉が起きやすい。だから、一斉に使うとインターネットにつながりにくい状態になりやすいのです。

一番簡単な対処法は、五ギガヘルツ帯の「IEEE 802.11a」や、Wi-Fi4、Wi-Fi5、Wi-Fi6、Wi-Fi6Eなどと呼ばれる五ギガヘルツ帯や六ギガヘルツ帯を利用する設定に切り替えることです。そうすれば、電子レンジとの干渉もない、壁一枚隔てただけの隣の家との干渉も少ない。直進性が高くて大容量だからサクサク動く。このような周波数帯と電波の性質は、一般の人には知られていません。だから、コロナ禍に「Wi-Fiがつながらない」というクレームが殺到したとき、私たちを支えているインターネット基盤の物理的な実態を、すべての人がある程度理解しているような社会をつくる必要があるな、と痛感しました。

コンピュータに詳しいギークな人たちだけではなく、コンピュータなんて意識したこともないような、すべての人に開かれたインターネット。そんな夢がようやく実現したと思ったら、日本中にこんなに困っている人がいる。「これがお前の夢だったんだろう？　だったら、なんとかしろ！」と神様から怒られている気がしました。

アナログ方式から3Gのデジタル方式へ

無線が普及したのは、エリアを限定したＬＡＮだけではありません。広域を移動しながらつながるモバイル通信の分野でも、着々と進化してきました。

アナログの第一世代（１Ｇ）の自動車電話から始まり、第二世代（２Ｇ）でパケット通信が可能になりますが、当時はまだインターネットとの親和性をどうするかということは、あまり考えられていませんでした。

たとえば、ＮＴＴドコモのｉモードは２Ｇでしたが、そうしたサービスが人気を集めたのは、当時の通信速度や画面の表示などにつかうＣＰＵではインターネットのウェブサイトは重すぎてそのまま表示することができず、機能を削ぎ落として軽くした「ウェブもどき」を表示するしかなかったからです。昔はよく、携帯メールとインターネットメールを区別していましたが、アナログ交換機をベースにした初期の３Ｇ、あるいはその前の２Ｇのときのメールと、インターネットメールは、一部交換はできたものの、やはり、「もどき」で、機能を制限し、スリムにした技術が使われていました。全く同じ仕組みで動いていたわけではないからです。

二〇〇七年にiPhoneが出てきて、ようやくスマートフォンでフルスペックのウェブサイトを表示できるようになります。通信方式も第三世代（３Ｇ）に切り替わり、ようやく世界共通のデジタル方式が採用されたのです。これで、モバイル端末がようやく一人前のインターネット端末として独り立ちできたわけで、ＩｏＴ革命もここから加速します。

iPhoneの生みの親、アップルＣＥＯのスティーヴ・ジョブズが真に革命的だったのは、「キーボードはソフトウェアにしちゃえ」と、タッチスクリーンを採用したことでした。物理キーボードは指で押して使うメカニズムだから壊れやすい。小さいところに無理やりフルキーボードを載せようとすれば、精密機械的な設計が必要になって、余計に高くつく。だから、そんなものはやめて、全部ソフトウェアで処理できる画面のタッチでの操作にした。必要なのはコンピュータとディスプレイとネットワークとバッテリーだけ。この割り切りが、iPhoneの大発明だったと私は思います。

4Gから5Gで何が変わるのか

iPhoneの爆発的なヒットで、インターネットの主人公の列に、パソコンやサーバだけでなく、スマートフォンという新たな存在が加わります。3Gでモバイル通信の周波数がデジタル化し、さらに高速になった第4世代（4G）でインターネットとの親和性、連続性が完成します。スマートフォンのストリーミングで高音質の音楽や高画質の動画を自由に視聴できるようになったのは、4Gになってからです。

そして、いよいよ5Gの登場です。4Gまでにモバイル通信とインターネットは完全に合体したので、今度は中身、通信を支えるバックボーンの仕組みがすべてソフトウェア化されます。IoTでさまざまなセンサーからデータを吸い上げたり、ビデオストリーミングで高画質動画を遅滞なく見るといった、まったく性質の違う通信をこなすために、いちいちハードウェアを交換するのではなく、ソフトウェアをアップデートするだけで、モバイル通信の性能が向上していく。そのような態勢が整えるのが、5Gのたいへん大きな意義であり、技術上の大革命なのです。

よく「5Gやその次の6Gでどんな夢のようなことができるのですか？」と質問する人がい

ます。たしかに、結果として夢のようなことを実現できるだけの潜在的な力を、設計上は実現しています。ただ、なにがいつ実現されるのですかと聞かれても、技術者からは答えられない。新しい基盤技術はすべてそうですが、5Gが普及して、それを使って多くの産業や人がいろいろと試行錯誤をする中から生まれてくるものだからです。さらに関連するデバイスやサービスのコストも変化し、それが人に喜ばれ、新しい経済を生み出すことになる。それがいま予測できる範囲で起きるなら、それはたいしたイノベーションではないわけです。

インターネットの開発には、常にそのようなところがあります。なぜならインターネットは、第1章で述べたように、人間の創造性と夢と課題の解決をするための挑戦のプラットフォームなのですから。それがインターネット文明なのです。つまり、人間をリスペクトして、人間に期待をするという意味では、5Gやそのあとのモバイルサービスの世界の本当の実力は、それを前提にした社会が整った先から出てくるのです。

周波数の高い電波は雨に弱い

そもそも電波の利用というのは、頭で考えた理論だけではあてにならない面があります。一九九〇年代にJSAT社(今のスカパーJSAT社)との共同研究で、東南アジアに行ったときのことです。

当時の東南アジアはインターネットインフラがあまり整備されていなかったので、大学だけでも衛星通信で接続できないかというプロジェクトを進めている時でした。ちょうどＪＳＡＴが東南アジアをカバレッジに入れて国際通信に踏み出したいというタイミングだったので、私は、インターネットで東南アジアの大学と連携して授業を共有できたらおもしろいと思って共同研究を開始しました。

電波の専門家は口をそろえて「絶対無理だ」と言っていました。衛星通信の周波数は高いので、直進性が強く、障害物に弱い。雨が降ると、水滴にぶつかって遮られてしまう。熱帯は毎日のようにスコールが降る。それで切れてしまうようなネットワークしかできない。だから、熱帯では衛星通信は役に立たないと言われたのです。でも、常時雨が降っているわけではないのだからやってみる価値はあるだろう、ということで、アンテナを設置してみたら、スコールが降っても切れないことがわかりました。

なぜかというと、静止衛星は赤道の真上を飛んでいるからです。そこに向けたアンテナは、真上を向くことになります。日本では、衛星放送のアンテナは南西または南南西の方角に向けて斜めに設置します。ところが、赤道へ行くと真上を向いている。そこに雨が降ると、雨は電波と平行に降ってくることになります。そのため、赤道上では東京よりも雨の干渉を受けにくいわけです。

電波、とくに周波数の高い電波は雨に弱い。これはもう常識で、電波を学んだ人は一時間目からそれを頭に叩き込まれるようなレベルの話です。ところが、雨というのは川の流れと違って、パラパラと隙間をつくりながら降って来るので、その隙間があれば、電波は十分通じるのだということがわかると、JSATの衛星通信の専門家も「へえ!」と驚いていました。専門家にとっても、それくらい意外な発見があるわけです。

人間が頭の中で計画できることと、実際に自然の中で試してみてはじめてわかることを組み合わせることが非常に大事で、そうでなければ切り拓けないテクノロジーの未来もあるのです。5Gや6Gは、モバイル各社にとっても、我々のような研究者にとっても、そのようなチャレンジの場だと思っています。そのような繰り返しの中で、思ってもみなかったようなイノベーションが生まれます。

ライフラインとしてのモバイル通信

一方、スマートフォンやモバイル通信には、もうひとつ、決して忘れてはいけない課題があります。

日本でスマートフォンの価値が最も認識されたのは、二〇一一年三月一一日の東日本大震災のときでした。iPhoneが世の中に登場してから四年。すでにスマートフォンが普及していた日本では、お互いの位置情報を地図アプリ上に表示して、飲み会の会場に集合するまでを目で見て楽しむといった使い方をしている人も多くいました。そのおかげで震災後、家族がいまどこにいるのか、移動中なのか、それとも同じ場所にとどまり続けているのか、といったことまでわかった人もいたのです。

これはあまり知られていなかったことですが、たまたま二〇一一年に、仮に停電したとしても三時間もたせるだけのバッテリーを基地局につけておくということが、総務省のガイドラインとして整備されていました。それもあって、震災後も基地局が通信サービスを提供できたという事情もありました。

人間とはおもしろいもので、歯磨きや洗顔、夜寝る前のルーティーンなどは面倒に感じてサボる人がいる一方で、スマートフォンが日常に浸透してからは、スマートフォンを充電しないで寝てしまう人なんて、まずいません。歯を磨かない人も、手を洗わない人も、スマートフォンの充電だけはする時代に入っていたので、震災当日もフル充電済みのスマートフォンをもっていた人が多かったわけです。

3・11によって、日本人は世界のどの国よりも切実に、スマートフォンがライフラインのひとつであり、命を守るためにいちばん大事なインフラだという認識をもちました。地震の被害に加えて、自然災害を受ける運命の日本のインターネットが、この面で大きな貢献を果たし、世界を先導する使命は、忘れてはいけないと思います。

ライフラインと位置情報

GPSは、GNSS(Global Navigation Satellite System)と呼ばれる衛星測位システムの一種です。GNSSは、地球上空を周回する人工衛星から発信される電波を使って、地上の受信機の位置を特定します。たとえば、GPS受信機は、まず、複数の衛星から発信される電波を受信します。そして、電波の到達時間から、衛星までの距離を計算します。最後に、三つ以上の衛星までの距離を組み合わせて、自分の位置を特定します。この仕組みは、高度二万キロメートルに三一個の衛星(七個は予備)で、世界にサービスをしています。

このような測位衛星のサービスの目的は、Positioning(測位)、Navigation(航法)、Timing(計時)、の頭文字をとったPNTと呼ばれる、位置・方位・時刻を特定する機能を提供しているのです。

GPSが位置を特定することに使われていることは、よく知られています。しかし、受信機での計算には正確で精密な時刻の情報が必要なので、実は、GPSの提供するもうひとつの貴重な情報は、正確な時刻なのです。GPSはインターネット上の二地点での正確な時刻同期などにも使われます。たとえば、高精度のテレビ映像をインターネットで送信するとき、映像と音声がずれて再生されると困りますので、これを解決する技術、「リップシンク」は、送信と受信での正確な時刻信号に基づいて同期をとることなどでも使われています。

日本では、特に天頂(観測地点の垂直線上にある点)の軌道にある、GPSを補完できる準天頂衛星システム(QZSS)を、現在は四基で運営しています。これによって、ビルの谷間などでの位置精度を上げることができるのですが、本当に大切なことは、真上に近い衛星がGPSとともに見えやすくなるということで、安定した位置や時刻が提供されているということです。

GNSSはそれぞれの所有者によって安全保障の観点で恣意的にサービスが停滞することもありますが、我が国はアメリカのGPS、ヨーロッパのGalileo、ロシアのGLONASSや中国のBeiDou(北斗)に加えて、日本のQZSSを受信することができますし、これらのサービスを補完的に受信できるという意味では、アジア全体を含めて、世界で最も安定した地域に位置していると言うことができます。

日本の準天頂衛星の計画は七基まで増設することが決まっていますが、実は一一基まで増設する計画があります。これが実現すると我が国の衛星だけで、ほぼ常時四基が見えるはずですから、ものすごく安定した位置情報が他国に依存せず提供されることになります。

インターネットは、このようなPNTのインフラと連携し、コンピュータ上のデジタル情報の交換に加えて、正確な位置・時刻を私たちのライフラインのサービスとして提供することができます。それは新しいサービスの基盤となるだけでなく、災害時に人の命を救う、日本の国土全体を安心できる場所にする、空間的な安全を提供するためのインフラとなるでしょう。

デジタルデバイドを放置しない日本

たとえば日本は、デジタルデバイド、インターネットを使いこなせる人とそうでない人の情報格差に対する感度がきわめて高い。それはおそらく、インターネットやモバイル通信は命を守るライフラインだという認識が強いからです。だから、できない人を置いてけぼりにしてしまうことへの根強い抵抗感があるわけです。

新しいフェーズに移行するときも、なるべく多くの人が取り残されず、スムーズに移行できるように周知徹底のための移行期間を設けたり、下位互換性といって、新しいバージョンに移行しても、以前のバージョンの機能が使えたり、昔のフォーマットで記録されたメディアを読み込めたりすることを、ことのほか重視します。ついてこられない人を置いてけぼりにするという戦略や政策を、日本は採れないし、採らないのです。

4Gから5Gへの移行でも、4G以前のインフラは全部切り捨て、いきなり5Gに切り替えるというやり方を日本人は好みません。5Gの世界では強制的に切り替えるやり方をSA(Stand Alone)、そうではないやり方をNSA(Non Stand Alone)と言いますが、いわば、日本はつねにＮＳＡを選択するわけです。

その結果、新しいテクノロジーの導入が慎重になり、ＩＴ後進国だと揶揄される面もあります。ＣＯＶＩＤ-19への対応でも、「いまだに保健所と医療機関がＦＡＸでやりとりをして、情報を手入力している」とか、さまざまな問題がクローズアップされました。

そうすると、「日本の二〇年間のＩＴ政策はうまくいっていなかったじゃないか」と批判する人が出てくるわけですが、私は技術的にはそれほど失敗したとは思っていません。みんなが使ってみて、はじめてわかる反省点もたくさんあるわけで、やはり日本人には、誰にでもやさしく、みんながついてこられるような物事の進め方が合っている。デジタルデバイドで弱者を切り捨てることなく、みんなで支えようという意識がしっかりしているし、品質に対する責任感も強いと考えています。

中国の強硬策

誰一人置いていかない、という技術発展が身に染み付いている日本には、先頭ランナーとして、世界に先駆けてインフラテクノロジーの最前線を切り拓いていくという芸当は、むずかしいかもしれません。しかし、それができる国がある。中国です。

中国は５Ｇへの切り替えも国家プロジェクトとして、下位互換性を気にすることなく、スタンドアローンで決断できる立場をとりました。つまり、4Gとの互換性などは無視して、5G単独の機器とネットワークをつくって、5Gをスタートするという方針を採っています。その機器をつくっているのがファーウェイ(HUAWEI)やZTE(中興通訊)なのです。

米中摩擦の影響をもろに受けて、この両社の製品はアメリカで販売禁止となっていますが、そのような政治的なメッセージとは別に、5Gにおいて中国に技術的な優位性があるかもしれないと考える根拠は、ここにあります。なにしろ、過去の技術的蓄積や経緯を切り離して、自由に開発できるのですから、そのスピード感はたいへんなものがあるはずです。

とはいえ、中国は世界に先駆けてアーキテクチャーをつくるというのは、それほど得意ではありません。なぜなら、アーキテクチャーというのは複雑なもので、国際的な標準活動の中で議論していかなければいけないし、何度もそのための国際的な相互運用性のテストを積み重ねていかなければいけないものだからです。

これまではアメリカのクアルコム(Qualcomm)の存在が非常に大きかった。電波の割り当ては世界各国でバラバラですから、各国の周波数の割り当てを調べて、それを全部デジタル処理で切り替えられるような端末をつくって、その特許を持っていました。つまり、携帯電話というのはクアルコムの特許、アメリカの特許で動いていた面がありました。今回の米中摩擦の背後には、このクアルコムの知財戦略がありました。この問題はコロナ禍の三年間で変わったように見えます。ひとつは経済安全保障の観点でクアルコムフリーのチップセットを開発したファーウェイをサプライチェーンから切り離したこともありますが、アメリカの中でも一企業の独占をきらったアップルなどがクアルコムに依存しないチップセットを作ったからです。私は知財で固めた技術の独占は良いことだと考えることができません。大規模ＡＩ処理におけるＧＰＵのＮＶＩＤＩＡ社が類似の議論の対象になっています。インターネットのような文明の基盤と呼ぶべき技術は、次の世代の叡智が発展するために可能な限り開放的であるべきだと思っています。

誰も置いてけぼりにしない日本だから

米中摩擦のゆくえはたしかに気になりますし、安全保障のところであらためて触れますが、もっと視野を広げてみると、次のように考えるべきだと思います。どこかの国が他国より先に進化することはあるかもしれないけど、インターネットはお互いにつながることが前提である以上、インターオペラビリティ（相互運用性）はとても大事なキーワードになります。したがって、どこかの国だけが一方的に進化し続けるということはあり得ない。インターネットはグローバルな空間の中で協調しながら発展していく、ということに疑いの余地はありません。

そもそも、一歩先を進むのがどの国なのかということは、インターネット屋はあまり気にしません。インターネットは人と地球のためにグローバルで均一のプラットフォームをつくっているわけで、国という単位でテクノロジーを囲い込んでも意味がないと考えているからです。だから、特定の国を恐れるという感覚自体、あまり馴染みがないものです。

そのようなカルチャーの中にあって、日本が果たすべき役割は何なのか。誰も置いてけぼりにしない日本のやり方は、最先端を切り拓く先頭ランナー向きではないかもしれないけど、弱者を切り捨てない優しさで、高いクオリティの技術を生み出しながら「周回遅れの先頭ランナー」として世の中に広く貢献してきました。

もちろん、なかにはソニーのように、本当の意味での世界のイノベーティブな先頭ランナーとして時代を切り拓いてきた会社もありますが、日本企業の得意パターンはむしろ「周回遅れの先頭ランナー」で、あらゆる人を排除しない、すべての人に向けた質が高く安全な技術やサービスの展開です。その意味でインターネットという基盤で、世界に貢献できることに関してはこれからが本当の力の見せ所だと思います。

インターネットユーザー数が一〇億人の中国や、七億人のインドと比べると、一億人の日本のマーケットは小さいと思われがちです。けれども、日本のユーザーはかなり高性能のインターネットを使っていて、ほとんどの国民が一定の水準の教育を受けています。生活レベルの共有感が強いこのような環境からはクオリティの高いデータが収集できるので、プライバシーの問題を考慮して、オープンな環境の中でデジタル社会を構築すべきです。日本のデジタルデータを基盤としたマーケットは、データの質としても量としてもかなり魅力のあるものなのです。

第3章　日常生活に不可欠となったインターネット

1 インターネットにおける文化の多様性

インターネットが流行語になった一九九五年

一般のユーザーがインターネットに触れるようになったのは、ウェブの誕生がきっかけでした。ウェブができたのは一九八九年でしたが、それが世の中に広く受け入れられ、社会的にインパクトをもたらすまでには、あと数年の時間が必要でした。

そして一九九五年、マイクロソフトのWindows95が発売されました。インターネットが、コンピュータに詳しい一部の人から一般の人たちにまで広がり、一般のユーザーがインターネットのベネフィットを直接享受できるようになったのは、Windows95の影響が大きかった。会社にいるときしか使わなかったコンピュータを、はじめて個人で買ったのがWindows95を搭載したパソコンだった、という人が続出したのです。

一九九五年の新語・流行語大賞のトップテンには「インターネット」が選ばれ、私が受賞者になりました。その年の秋に、岩波新書の拙著『インターネット』が発売され、ベストセラーになったことも影響したと思います。同じ年の新語・流行語大賞には「がんばろうＫＯＢＥ」が選ばれました。トップテンには「ライフライン」も入っています。一九九五年は阪神・淡路大震災が起きた年でもありました。そのことは、日本におけるインターネット文明というコンテクストを考えるときに、大きな意味を持っていると思います。

被災地での活動を支えたインターネット

阪神・淡路大震災が発生したのは、一九九五年一月一七日のことでした。高速道路やビルが倒壊し、あちこちで火の手があがって、神戸の街は空襲にでもあったかのような有り様でした。

その時点ではまだ、Windows95 は未発売。そのため、一般の家庭でインターネットを使っている人はそこまで多くありませんでしたが、大学はインターネットがつながっていて、新しもの好きのギークたちがパソコン通信を始めていました。阪神・淡路大震災が起きたのは、そのようなタイミングでした。

インターネットがつながっていた大学では、安否情報の確認や、各被災地への救援物資の配達やボランティアの派遣など、さまざまな情報がやりとりされました。被災した神戸大学にシリコンバレーの代表的スタートアップ、ＳＵＮマイクロシステムズが大量のワークステーションを送ったりもしました。震災を機に、インターネットを介して草の根のボランティア的なネットワークができあがる。いまでは当たり前となった光景がはじめて登場したのが、阪神・淡路大震災のときだったのです。

そして、二〇一一年の東日本大震災のときは、スマートフォンがライフラインとして決定的な意味をもつことを誰もが実感しました。そのことは、日本におけるインターネットの受容のしかたに決定的な影響を与えたのではないかと考えています。ほかのインターネット先進国と比べたときに、災害大国・日本におけるインターネットの使い方は、日々の生活と切り離せない独特のニュアンスを含んでいます。それは、ビジネス最優先のアメリカとも、プライバシー重視で個人データの利用にブレーキを踏むEUとも、国による管理が進む中国とも異なる、日本独特のインターネットへの貢献ができるのです。

論文の共有から始まったアメリカと、交換日記から始まった日本

インターネットを黎明期から知っている人にとって、ウェブは、インターネットの数多くの機能のひとつにすぎません。コンピュータ同士をつなぐやり方はほかにもあって、インターネットはコンピュータ同士の多様なコミュニケーションを束ねる、ベーシックなインフラです。

ところが、Windows95 ではじめてインターネットに触れた人たちにとって、インターネットというインフラの上に載った「ウェブ」と、それを閲覧する「ウェブブラウザ」こそがインターネットでした。

ウェブの出現はそれくらいインパクトがあって、そこでいろいろな流行が発生します。最初

に起きたのが、ウェブサイト（当時は「ホームページ」と呼ばれていました）をつくろうというブームです。まだブログ（「ウェブログ＝ウェブの記録」を短縮して生まれた）という言葉はなく、ウェブサイトを立ち上げて、とにかくあれこれ情報発信してみようという人がたくさん出てきて、世界中でブームになりました。

おもしろかったのがアメリカと日本の違いで、アメリカでのブームは論文を共有するというところから始まりました。あるテーマについて署名入りで自分の意見を言う。つまり、ジャーナリズムっぽいウェブサイトが多かったのです。一方、日本では、日記から入る人が多かった。たいてい匿名で、個人的な日記を書いてみんなに見てもらう。私的な情報を小出しにしていく。パブリックな聴衆に向けて演説的な話をするのがアメリカ流のウェブの使い方で、もっとプライベートな、交換日記のような使い方をするのが日本だということは、当時から言われていました。

そうした違いが薄れ、アメリカでも匿名アカウントやプライベートなつぶやきが増えたのは、二〇一〇年代になって、SNS（Social Networking Service）が普及してからのことです。日本では、有名人が次々とアカウントを開設した二〇〇九年がツイッター元年と呼ばれ、フェイスブック（当時）の創業者マーク・ザッカーバーグを主人公とした映画『ソーシャル・ネットワーク』が公開された二〇一一年以降、本格的なSNS時代に突入します。

匿名の集合知が百科事典を駆逐

二一世紀に入ると、オンライン百科事典「ウィキペディア（Wikipedia）」のプロジェクトが始まりました。ウェブブラウザを見ている人なら誰でも書き込めるウィキというシステムを利用した百科事典サービスですが、出てきた当初は「素人でも書き込める」「匿名記事でウソやでまかせばかり」という批判も多かった。しかし、書き込みが激増し、ネットの集合知としての価値が認識されていくにしたがって、扱うジャンルの幅広さでも、更新頻度や情報の鮮度でも、既存の紙の百科事典を凌駕していきます。

もちろん、つねにデマや事実誤認の書き込みのリスクはあるわけですが、そのたびにボランティアのウィキペディアンたちが議論や修正を加え、いまでは、情報の量だけではなくクオリティの面でも、一定の評価を得るようになっています。

ウィキペディアの創始者のひとりジミー・ウェールズ（ジンボの愛称で知られる）とは何度も話したことがありますが、彼が言うには日本語のウィキペディアはほかの国とまったく違うそうです。非常によくできていて、匿名のウィキペディアンたちが献身的に、次々と新しい正確な項目を加えていってくれると喜んでいました。

かつて、何分冊にもなる分厚い百科事典が各家庭にあって、書棚を飾っていたものですが、ウィキペディアの大成功によって、紙の百科事典は次々と駆逐されていきます。皮肉なことに、紙の『ブリタニカ国際大百科事典』の日本語版の最終版（一九九五〜二〇〇二年まで刊行）の「インターネット」という項目を書いたのは、この私です。

不特定多数の人が市民参加的なコンテンツをインターネット上でつくっていくという流れは、一九九〇年代後半からありました。当時、日本のインターネットユーザー数はアメリカに次ぐ第二位を誇っていて、勢いがあった。プラットフォームは共通しているけど、その使い方には明らかな違いがあって、それは日米の文化の違いに起因するものだろうと言われていました。

実は、これはとても大事なことでした。というのも、当時は、インターネットによって世界中がつながれば、文化が均一化され多様性が失われるのではないかと懸念されていたからです。一九九一年末にソ連が崩壊し、冷戦が集結してグローバル化が一気に進み、マクドナルドやコカ・コーラに代表されるアメリカ文化に世界中が飲み込まれてしまうのではないか。そのようなグローバル化のデメリットが、あちこちで心配されていた時代だったのです。

多様性の第一歩はすべての言語をウェブで扱えること

インターネットで世界中とつながっても、自分たちの文化がグローバルな文化に侵食されないためには、どうしたらよいのか。世界が均一化・標準化されるのを避けるための方法として、まず考えられるのは、インターネットの世界でも自分たちの言語を使えることです。ウェブで表現できるのが欧文アルファベットだけではなく、自分たちがふだん使っている文字——日本語なら漢字やひらがな、カタカナ——をそのまま使うことができれば、それぞれの文化を損なうことなく、尊重することにつながるはずです。

現在、ウェブではほとんどの言語を表示できるようになっています。そうなったのは、それを望んだ人がいたからであり、じつは日本人の貢献が大きかった。自分たちの言語が使えれば、自分たちの文化を記録として残すこともできるし、ほかの文化圏の人たちに向けて、自分たちの言葉で情報発信することもできます。言葉や文字は生活と切っても切れない関係だからこそ、他国の言語を押しつけられることなく、自分たちの言語で表現できることが重要なのです。

たとえば、アイリッシュダンスやケルト音楽で知られるアイルランドは、隣国であるイギリスとの歴史的な経緯もあって、自国の文化にたいへんな誇りをもっています。ところが、インターネットでつながることによって英米の文化が押し寄せてくると、自分たちの文化が侵略されてしまうのではないかと危惧する声が大きかった。日本でも、インターネットが全部英語になってしまうと、日本のいいところが失われてしまうのではないかと言う人がいたくらいですから、彼らの心配もわかります。

しかし、当時から私はまったく逆のことを考えて、「グローバルな空間の中で、むしろそれそれの文化の特徴をエンパワーしていけるはずだ」と主張していました。ある日、その主張が目に留まったことが理由でアイルランドの国営放送から呼ばれて、「インターネットが個別の文化を消滅させるのか」という番組に依頼されて出演したこともありました。

インターネットが、それぞれの違いをならして均一化・標準化に向かうのではなく、多様な文化を多様なまま、いまの言葉で言えば、異質なものを異質なまま包み込む「インクルーシブ（包摂的）」な方向に発展するには、すべて英語で統一されるのではなく、それぞれの言語が共存するインターネットをつくる必要がある。インターネットが多様な世界であり続けるために、いの一番に取り組まなければいけないのが、言語の問題だったわけです。

2　インターネットがビッグテックを生んだ理由

インターネット接続業者だけが儲かる

一九九五年にインターネットが流行語となり、自宅でもインターネットを使いたいという人が増えてくると、インターネット接続業者、いわゆるＩＳＰ（Internet Service Provider）が続々と誕生します。毎月一定の金額を支払えば、アナログの電話回線を通じてインターネットにつながるサブスクリプション（定額課金。以下、サブスク）サービスの登場です。

アナログの電話回線はその後、ＩＳＤＮやＡＤＳＬのデジタル回線に置き換わり、光ファイバー網がそれに取って代わっていくわけですが、自宅でインターネットに接続するには、ＩＳＰが必要という状況はいまでも変わりません。

ＩＳＰは、一度契約してしまえば毎月固定料金が入り続けるサブスクモデルなので、非常に儲かるビジネスとして注目されました。ところが、当初はインターネット上のサービスで直接お金を稼ぐ仕組みがなかったために、ウェブサービスが人気を集めれば集めるほど、利用者が増えてＩＳＰが儲かる一方、インターネット上でサービスを展開する企業は、お金の儲け方がわからないという時代がありました。

インターネットに接続したら最初に開くポータルサイトのヤフー（Yahoo!）、ロボット検索のグーグル（Google）をはじめ、人気のウェブサービスが次々と登場しますが、ビジネスモデルが確立していて儲かるのはインフラ部分のＩＳＰだけで、上部のサービスはＩＳＰを儲けさせるための人寄せパンダにすぎない、という状態がしばらく続きました。「インターネットのサービスはタダで利用するのが当たり前」という認識が広がり、インターネット上のサービスそのものでユーザーに直接課金しようとする企業は、当初はことごとく失敗に追い込まれたのです。

ウェブサービスの救世主となった広告モデル

このビジネス構造が逆転するきっかけとなったのは、一九九四年のリレハンメルオリンピックでした。オリンピックの公式スポンサーは一ジャンル一社と決められており、たとえばコカ・コーラが清涼飲料水のスポンサーになると、ＩＯＣ（国際オリンピック委員会）から、開催地の街中にある同カテゴリのライバル商品の看板を隠すように要請があったりするわけです。

リレハンメルオリンピックのときは、ＩＢＭがコンピュータシステムの担当で、別のシステム会社が立ち入る余地はなかったはずですが、まだWindows95の発売前で、ウェブサイトの存在はあまり知られていませんでした。そこで、ＳＵＮマイクロシステムズがＩＯＣにかけあって、試験的にオリンピックの準公式サイトをつくる許可を得ました。といっても、当時はまだ技術がこなれていなかったため、ごく簡単な情報のウェブサイトでした。

ところが、驚いたことに、オリンピック期間中、そのサイトに世界中からアクセスがあったのです。しかも、日本人は柔道のページを見るし、イギリス人は馬術のページを見るといった具合に、それぞれの好みで全然違うページを見ていることがわかってきます。すると、「誰がどこからアクセスしてきて、何を見て喜ぶかがわかるなら、ここに広告を出せば効果的なのではないか」と気づいた人たちがいました。それがインターネット広告につながっていくのです。

そうした広告モデルをいち早く取り入れたのが、アメリカのヤフーでした。アクセスが集まる人気のウェブサイトに広告を貼ることで多くの人に見てもらえるようになれば、クライアントが広告を出してくれるようになる。新しいメディアは、広告がうまく機能したときにはじめてビジネスになります。その最たるものがテレビとラジオで、テレビ・ラジオが無料で視聴できるのは、広告ビジネスのおかげです。

実は、ラジオができたとき、「放送は全部タダで電波が届いてしまうから、料金を回収することができず、ビジネスとして成り立たないから、投資できない」とアメリカの投資委員会に言われたそうです。これを覆したのが放送への広告ビジネスの導入です。それと同じことがインターネットでも起きたのです。

ウェブに広告を入れることができるようになって、ようやくウェブ上のコンテンツビジネスが独り立ちできるようになりました。このことが、現在に至るまで、歴史的な大変革を生み続けることになります。新聞、雑誌、放送などの広告収入に依存していたすべてのメディアビジネスは、そもそもビジネスとして成立しないほどの打撃をインターネット広告によって受けることになるのです。

オリンピック発の技術革新が相次ぐ

SUNマイクロシステムズによる実験的なウェブサイトが成功したことをうけて、二年後のアトランタオリンピックでは、コンピュータ公式スポンサーのIBMが自らインターネットのウェブサービスも手がけることになりました。私はＩＢＭ本社から依頼されて、彼らが得意としていたＤＢ２というデータベースを後ろに抱える、全く新しいウェブサイトの技術をつくることになりました。これが、atlanta.olympic. org という公式サイトを一緒につくることになったきっかけでした。

たとえば、誰がそのページを見ているかを追跡するには、当時まだ提案段階にあったクッキー(cookie)という技術を使いました。あるウェブページにアクセスしたときに、サーバ側からブラウザにクッキーが送られ、もう一度アクセスしてきたときに、前回と同じ人だとわかる仕組みです。ウェブの閲覧履歴を追跡するためにも使われますが、ログイン情報が保存されていたり、ショッピングカートの中身が残っていたりするのも、クッキーのおかげです。これが後に、強烈なターゲティング広告へと発展していくことになります。

ＩＢＭは当時、ＤＢ２のデータベースを得意としていたので、サイトにアクセスしてきた人全員のデータベースを個別につくって記録するというスケールの大きな技術に挑戦することにしました。日本人は日本人アスリートが活躍している競技を見たいし、みんな自国のアスリートを追いかける傾向があるから、その人が好きそうな競技が一番目立つところに表示されるように、カスタムメイドでホームページをつくるようにしました。オリンピックにはさまざまな競技があるので、全部を同列に扱ってしまうと、かえって見にくくなってしまいますが、興味のある競技がすぐに見つかれば便利です。

つまり、いまのEC(Electronic Commerce: 電子商取引)サイトでおすすめ商品を優先的に表示するレコメンドエンジンの走りのような機能を、アトランタオリンピックのときにはじめて実装したのです。

さらに二年後の一九九八年の長野オリンピックも、引き続きIBMがウェブサービスを担当しましたが、日本勢も力を結集してサポートしました。とくに、同時開催されたパラリンピックの公式サイトははじめての試みだったため、目が見えない人のためにテキストを読み上げるだけでなく、画像などのリッチコンテンツを言語化してアクセシビリティを保証するなど、さまざまな人に開かれたコンテンツを制作するうえで、日本は大きな貢献を果たしました。

このように、人類全体に向けて、どのようなサービスをつくればよいかを考えるうえで、多様な文化、多様な背景を持った人が一堂に集まるオリンピック・パラリンピックというのは、非常によいレッスンの場となったのです。

大量のアクセスを処理する仕組み

もうひとつ、オリンピックで忘れられないのは、大量のアクセスを処理する分散処理の方法に挑戦したことでした。

アトランタオリンピックでは、アクセスが殺到してもサーバがダウンしないように、世界の五カ所に分けて分散処理することにしました。アメリカのコーネル大学とドイツのカールスルーエ大学、慶應義塾大学ＳＦＣ、それにニューヨークのＩＢＭ本社とイギリスのＩＢＭにサーバを置いて、五つのコピーをつくって、近いところにアクセスするという仕組みをつくったのです。この技術はAnycastという技術につながり、現在ではＤＮＳのルートサーバのデータが世界に無数のコピーを分散し、インターネットそのものの重要なインフラが中央集権処理でなく動き続けているという技術の原型が生まれたのです。

分散サーバの開発に、コーネル大学、カールスルーエ大学、慶應義塾大学という三つの大学が関わっていたことも、インターネットが産業と大学の連携で発展してきたことを象徴する出来事でもありました。

オリンピックは期間限定で世界中からのアクセスが集中するので、負荷分散という技術が欠かせません。これも、いまでは当たり前となった技術で、日本でユーチューブやネットフリックスの動画を見るときも、それぞれ本社のサーバから動画をおろしてくるわけではなく、近くのキャッシングというクラウドサーバにコピーが置いてあって、それを見るようになっています。そうやって負担を軽くする技術も、原型はオリンピックから生まれました。

その結果、コロナ禍で世界中の人たちがいっせいにステイホームを始めたとき、ネットフリックスを見まくっても、持ちこたえることができたのです。

当時、オリンピックのウェブサイトを出来立ての技術で提供する側としては、サーバがダウンしないか、ハラハラしっぱなしでしたが、産学共同での経験が役に立ちました。この経験の教訓は、アジャイル開発という「とりあえず動かしながらつくる」という文化につながっているのかもしれません。挑戦的に開発して、動かしながら発展する。ハードウェアでできていたこれまでのエンジニアリングと、インターネットのソフトウェアエンジニアリングの本質的な発展の違いに気がついたのもこのころでした。

インターネットビジネスが巨大化したのは広告のおかげ

こうしてオリンピックをきっかけに生まれた技術を発展させる形で、インターネット広告は大きく様変わりしました。ユーザーが検索するキーワードに連動する形で広告を表示するリスティング広告、ユーザーのウェブ閲覧履歴などから個人の好みや属性を把握し、それに応じて最適な広告を表示するターゲティング広告など、さまざまな手法が登場して、巨大なビジネスに発展したのです。

なかでも、ユーザーの行動を追跡して、関心領域を分析するターゲティング広告の威力は絶大でした。その人の性別、年齢、出身大学、職業、収入がどれくらいなのか、何に興味をもっているのか、そして何を買ったのか！　こうした情報がわかれば、それに合わせて広告を打てばよいからです。同じウェブサイトでも、そこに表示される広告が見る人によって変わるターゲティング広告は、不特定多数の人に同じ広告を届ける従来型のメディア広告と比べると、広告効果の差は歴然としています。

ターゲティング広告は、「あなたがいまの生活でほしいはずのもの」を先読みして表示します。必要なものを自分で探しにいくのではなく、「あなたが次に必要なのは、これでしょ」と提示してくれる。精度が低かったときは、興味がない商品ばかり表示されてうんざりしていた人が多かったかもしれませんが、あなたのデータが蓄積され、ターゲティングの精度が上がってくると、ほしいものがほしいタイミングで、ピンポイントで提示されるようになってきます。これがターゲティング広告のインパクトで、我々の生活はいまやすっかりマーケティングの対象になっています。

インターネット広告は順調に成長を続ける一方、テレビやラジオ、新聞、雑誌などの既存のメディアで同じことは絶対できませんから、インターネットに広告を奪われ続けています。全世界で一〇〇兆円ともされる広告市場のうち、いまやインターネット広告は六割近くを占めるほどになりました。その巨額の広告費がグーグルやフェイスブック（現在のメタ）、アマゾンに流れ込み、世界時価総額ランキングの上位を占めるビッグテックを生んだのです。

逆風にさらされるビッグテック

しかし、アルファベット(グーグルの親会社)、アップル、アマゾン、メタ、マイクロソフトというビッグテックによる広告をベースにした支配は、いま大きな曲がり角を迎えています。

ひとつには、いきすぎたマーケティングが個人のプライバシーを侵害しているのではないか、という危惧が無視できないレベルになってきたことがあげられます。ユーザーの行動履歴を分析するターゲティング広告も、やりすぎると、プライバシーの侵害につながります。とくにEUは、ビッグテックによる個人情報収集については懐疑的で、GDPR(一般データ保護規則)というルールを設定して、厳しく規制する方向に舵を切っています。これについては次の章で詳しく述べます。

もうひとつは、ビッグテックが巨大になりすぎて、自由な競争が阻害されるケースが目立ってきたことです。少し前まで、ベンチャーキャピタルの出資を受けたスタートアップのエグジット(出口)はIPO(株式新規公開)、そして事業の拡大へと進むのが中心でした。ところが、いまはビッグテックに高値で買収されることがエグジットとなるケースが増えています。もはやビッグテック企業たちにはお金が桁違いにあるからです。

資金力に物を言わせて、将来ライバルの糧(かて)になりそうなスタートアップを早めに買収して、自社に取り込んでしまう。市場で競争していれば、サービスの質や価格面でユーザーファーストになったはずの新しいサービスが、ビッグテックに独占されることで、そうした競争が起きにくくなってしまった面があります。そのことが世界の先進国で反トラスト法（独占禁止法）当局の注意を引くようになっています。

検索市場をほぼ一手に握るグーグル、インターネット広告を牛耳るグーグルとメタ、スマートフォンアプリの課金システムを手放そうとしないアップル、有利な立場でマーケット参加事業者やクラウドサービスに圧力を加えるアマゾンなど、力を持ちすぎたことによる弊害が目立つようになってきました。

かつてアメリカの司法省は、巨大すぎるＩＢＭやＡＴ＆Ｔにメスを入れ、それによって健全な競争が促され、今日のアメリカのＩＴ産業の繁栄につながったと評価されています。時価総額世界一のアップルを筆頭に、マイクロソフト、アルファベット、アマゾンの時価総額はそれぞれ二兆ドル前後にも達し、一社でアメリカのＧＤＰ二三兆ドルの一割を超えようかというレベルまで肥大化しています。当局による監視の目が光っているのはそのためです。

ほかにも、本拠地を別の国に置くグローバル企業として、サービスを展開する各国での納税を逃れていたのが捕捉されて課税されるようになるなど、ビッグテックをめぐる状況は厳しさを増すばかり。今後の展開は予断を許しません。

度重なる「炎上」事件がスポンサー離れを引き起こす

広告モデルは、インターネット企業に巨額の利益をもたらした一方、効率を追求しすぎた結果、思わぬところから問題が浮上してきました。

グーグルを中心に発達した広告のエコシステムは、ターゲティング広告の精度が上がるにつれて洗練され、「どういう人にどれくらい見てもらうと広告料がいくらになるか」ということを緻密に、正確に分析してエビデンスを積み上げ、その料金を細かく広告主に請求するというビジネスモデルができあがります。

そのため、なかには、なりふりかまわずユーザーに広告を見せて数字を稼ぎ、その料金を広告主にチャージする業者も出てきます。それがあまりにも進んだ結果、当時爆発的な人気を集めていた海賊版の漫画サイトに、あろうことか政府広報の広告が貼られていたことが判明します。「漫画村」問題とその対策については、次の章で詳しく述べますが、違法サイトに国の広告が掲載されるというのはさすがにマズいと、対策が講じられることになりました。

これは象徴的な一例にすぎませんが、こういうことがあると、ユーザー側にサービスを提供しているクライアント企業にも疑いの目が向けられるのは避けられません。ここ数年はちょっとしたことでも、すぐにSNSで「炎上」してしまうようになり、テレビ番組や動画配信で不祥事が起きたり、出演中の人気タレントに騒動が持ち上がったりすると、番組スポンサーにもクレームが寄せられ、対応に苦慮するケースが増えています。

いままでも、広告を出したい企業としては、間に入る広告代理店の「ここにこういう年齢層の人たちが集まっているから、そこにこれだけ広告を出しましょう」という提案にしたがっているだけで、自社がスポンサーになっているテレビ番組をくまなくチェックする経営者など、現実にはいないはずなのに、株主総会では「あんな低俗な番組のスポンサーになっているのはどういうつもりか」と詰問されたりするわけです。

まして、インターネット広告システムが発展した結果、自社のターゲティング広告がいつ、どんなサイトで、誰に向けて表示されたのかを把握することは、広報担当者でさえ事実上不可能になっています。それにもかかわらず、何か問題が発生すれば、社長と役員が責められる。これでは、広告を出したくても二の足を踏む企業が出てきてもおかしくありません。

PV数を稼ぐことが目的に

一方、広告を掲載するメディア側にもさまざまな問題が生じています。テレビや新聞などの既存メディアの広告と違って、そのページにアクセスしてきたユーザー数(PV＝ページビュー数)はもちろん、広告をクリックして販売サイトまで見にいった割合も、実際に購入に至った割合（コンバージョン率）も、すべて数値管理できるため、それぞれの数値を上げる施策もいろいろと編み出され、インターネット広告会社の収入源となっています。

極端な話、成約率が低くても、それを上回る数のアクセスがあれば、ペイできることがわかって、下手な鉄砲も数撃ちゃ当たる式のスパムメールや、アフィリエイト広告だらけの中身のないページが大量に生まれました。ＰＶ数を稼ぐことだけが目的の、質の低いメディアが続々と現れ、ファクトを報道するという原則さえ無視して、印象的なタイトルでクリックを誘発するだけの中身のないエンプティニュースや、請負で意図的にフェイクニュースを流す悪質なサイトも出てきて、何が真実なのか、見分けるのが以前より困難になってきています。

ＰＶ至上主義の弊害は、新聞や雑誌などの従来のジャーナリズムにも如実に現れています。きちんと取材して、ていねいに裏づけをとった記事が必ずしも読まれるわけではなく、読者の気を引く大げさな見出しやネットの噂を集めただけの「コタツ記事（取材なしでコタツにいながら書けるためにそう呼ばれる）」のほうがＰＶを集めてしまうため、記事作成のコストに見合った広告収入が得られないケースが増えています。

とくに深刻なのが紙媒体の凋落で、新聞や雑誌は軒並み部数を減らし、それにしたがって広告収入も落ちています。掲載されている広告も、極端に高齢者向けに偏ったものか、政治的主張の濃いものばかりという有り様で、これでは良質な記事を書き続けることはむずかしい。ジャーナリズムの衰退は、決して国民のためにはならないので、何らかの対策が必要です。

本来のベストな選択は、広告主が社会的責任をもってビジネスを展開していくために、違法サイトや詐欺まがいのフェイクニュースではなく、きちんと中身が伴った媒体への広告を通じて、自分の顧客にアプローチしていくことです。その部分がいきすぎたＰＶ至上主義によって壊されてしまったのなら、そこを正すのが急務です。

インターネットの広告モデルができて以来、その部分は誰も手を付けないまま放置してきてしまいました。それに対する反省が、インターネット推進組全体の中にあると思います。私自身もいくつか関わっていますが、その改善の努力の成果として、広告のエコシステムは今後、改善していくはずです。

人間にとってよりよいことをしよう。パンデミックを経験した世界は、そうした方向に舵を切っていくべきです。

3　オンライン課金の仕組みと暗号セキュリティ

広告モデルと課金モデル

インターネットが私たちの生活に浸透していくために欠かせないもののひとつに、お金のやりとりがあります。

ＥＣサイトでオンラインショッピングを安心して楽しめるのも、動画見放題、音楽聴き放題の有料サービスに安心して加入できるのも、有料アプリや有料ゲームを安心してダウンロードできるのも、インターネット上でクレジットカード情報などをやりとりしても大丈夫だという信頼があってこそ。いまではすっかり誰も気にしなくなりましたが、以前はそうではありませんでした。クレジットカード情報をインターネットに書き込むなんてもってのほか、という状況が決して少なくなかったのです。

インターネット広告はビッグテックを生んだ大きな理由のひとつですが、広告モデルだけではＩＴ企業の成長を支えきれません。インターネット上のサービスで儲けることができるようになったのは、ユーザーから直接料金を集める課金モデルが成り立つようになったことも大きかった。なかでも、定額課金のサブスクモデルが普及したことで潤ったインターネット企業も少なくありません。

試しに、ご自分のクレジットカードの明細をご覧になることをおすすめします。毎月の固定で、あるいは一年に一回、さまざまなアプリや有料サービスの支払いがおこなわれていることに気づくでしょう。かつては電気・ガス・水道、電話料金、ＮＨＫと新聞代くらいだった固定費ですが、動画＆音楽配信、撮りためた写真や動画を入れておくためのオンラインストレージ、仕事で不可欠なオンラインサービス、趣味用アプリ、課金ゲーム、有料購読サービスなど、さまざまな項目が並んでいるはずです。それらは、以前ならリアル環境で享受していたサービスが、次々とインターネットやスマートフォンに取り込まれていった痕跡でもあるのです。

共通鍵暗号と鍵配送問題

その気になれば誰でも見られるインターネットで、クレジットカード情報など、見られては困る情報をやりとりできるようになった最大の要因は、「公開鍵暗号」という暗号技術が誕生したことでした。これがなければ、インターネットは私たちの生活を支えるインフラにはなっていなかった。そう言っても過言ではないほどの大発明です。

従来、暗号による情報伝達には、パスワードなどの鍵をあらかじめ共有しておく必要がありました。情報を送る側がその鍵で元のデータを暗号化して、受け取った側が同じ鍵を使って復号(暗号を解読して元のデータに戻すこと)する。これは「共通鍵暗号システム」といって、かける鍵と開ける鍵が同じなわけです。だから、鍵をかけた人と別の人に開けてもらうためには、鍵そのものを相手に渡さなければいけません。

ところが、インターネット経由で暗号文だけでなく、その準備として鍵そのものを送ってしまうと、どこかで誰かに盗まれてしまうかもしれない。そうすると、鍵を盗んだ人に途中で暗号文を抜き取られて、中身を見られてしまう危険がでてきます。これを「鍵配送問題」といって、インターネット暗号学では最大の課題なのです。

たとえば、銀行の預金口座を開くとき、インターネットで申し込むと、ハガキや封書でパスワードを送ってきますが、別経路で送れば、それだけ盗まれる危険が減るからです。メールに圧縮された文書などを添付するとき、解凍(復号)するためのパスワードだけ別に送られてくることがありますが、あれも、効果に限界はあると思いますが、暗号文と鍵を別経路で送って、間で盗聴するロボットなどに破られないようにするための工夫のひとつです。

公開鍵暗号と電子署名という発明

しかし、郵送などの別経路で鍵(パスワード)を送るというのはたいへんな手間で、コストも時間もかかります。そこで登場するのが「公開鍵暗号」で、暗号化するときには「公開鍵(パブリックキー)」を、復号するときには「秘密鍵(プライベートキー)」を利用する暗号数学の方法です。両者を別々にしたところが画期的でした。

公開鍵というのは、その名のとおり、誰に見られてもよい鍵なので、たとえて言えば、鍵番号が電話帳に載っている状態です。その鍵番号をもつ相手に何かを送りたければ、電話帳に載っている公開鍵で暗号化して送ればよい。受けとる側は復号用の秘密鍵(これは誰にも教えてはいけません)をもっているので、それを使って復号します。途中で暗号文が盗まれるかもしれませんが、盗んだ人は復号のための秘密鍵を持っていないので、中身を見ることができません。解読不能の文字列が並んでいるだけです。

これと正反対の動きをするのが「電子署名」です。情報を受け取る側がふたつの鍵を用意した公開鍵暗号方式とは逆に、電子署名では情報を送る側がふたつの鍵を用意します。まず情報を送る側が「秘密鍵」で暗号化し、暗号文といっしょに復号用の「公開鍵」を送ります。ウェブ上に公開しても同じです。暗号文と復号用の鍵が同時に手に入るのですから、中身は誰でも見られます。しかし、誰でも見られるからこそ、確実に言えることがあります。それは、暗号文を送った人と公開鍵をつくった人が間違いなく同一人物だということです。「この文章を作成したのは、ほかの誰でもなく、私です」と証明できるから、電子署名というわけです。

この素因数分解による暗号アルゴリズムを共同開発した提唱者三人(Rivest, Shamir, Adleman)や、離散対数による暗号を提唱した二人の数学者(Diffie, Hellman)は、コンピュータサイエンス分野でノーベル賞に匹敵するチューリング賞を受賞しています。公開鍵暗号と電子署名というのは、それくらいインターネットにはなくてはならない技術なのです。現在 https:// で始まるURLが増えていますが、最後の「s」は security の「s」で、SSL／TLSという公開鍵暗号を使っていることを表しています。

クレジットカードが成り立つ条件

さて、公開鍵暗号の登場で、インターネットで安全な通信ができるようになったので、クレジットカード情報もインターネット上で安全に送れるようになりました。たとえばアマゾンで買い物をして、クレジットカードで決済しても、アマゾン以外は複号できないわけですから、カード情報が盗まれる心配はありません。インターネット経由でお金の支払いができるようになったことで、サイバー空間内で経済活動ができるようになり、それによって、ＥＣサイトやウェブ上で課金するサービスが全盛期を迎えたわけです。

しかし、本当にそれで安心なの？ と疑問に思う人が出てきます。

もともとクレジットカードの「クレジット(credit)」は「信用」を意味しています。お金を支払う側とお金を受け取る側のあいだに入って仲介するカード会社が、「この人はいくらまでなら支払い能力がある」と信用して代金を立て替えるから、安心して取引ができるのです。現金払いではなく、クレジットカード決済を利用すると、数パーセントの手数料がかかり、その分、手元に入るお金は減ってしまうけど、そもそも現金払いができない状況や、代金を回収できないリスクと天秤にかければ、十分元が取れるという計算が成り立つからこそ、これだけクレジットカードが普及したわけです。

ところが、もし仮に、あいだに入って仲介しているカード会社を〈信頼〉できないとしたら、どうなるか。たとえば、使ってもいない料金を請求されたり、自分のカード情報が流出して誰かに悪用されたり、あるいは、カード決済した代金が約束の期日に振り込まれないといったことが起きると、「このカードを使っても大丈夫かな?」と不安になります。そうした事態が続けば、その会社の〈信用〉に傷がつき、利用者が激減してしまうかもしれません。

考えてみれば、カード会社は絶対そんなことしないとみなが〈信頼〉しているから、クレジットカードが成り立っているわけで、その〈信頼〉や〈信用〉が損なわれたら、誰も怖くてそのカードを使えなくなります。この場合の〈信頼〉〈信用〉は英語で「トラスト(trust)」と言います。

グーグルなら信用できる、は本当か?

そんなの当たり前だと思う人がいるかもしれませんが、ここで、同じことを電子メールについて考えてみましょう。メールの内容が第三者に漏れないのは、クレジットカード情報を安心して送れるのと同じ暗号技術を使っているからです。

たとえば、Gメールなどのウェブメールは、送信ボタンを押した瞬間に暗号化されて送られます。ですから、途中で抜き取られても、中身が読まれる心配はありません。そこは安心して大丈夫です。ところが、送られてきた暗号をどこで復号しているかというと、Gメールの場合はグーグルで復号された平文を、私たちは、安全な通信を経て見ているわけです。つまり、グーグルは私たちの通信の秘密を知ることができる立場にあります。

では、なぜGメールを使う人がこれほどたくさんいるかというと、グーグルはメールの中身を外部に漏らしたり、悪用したりしないと〈信頼〉しているからです。その信頼は、これまでグーグルにメールの中身をバラされたと訴える人がいなかったという実績に基づいています。逆にいうと、そのような人がひとりでも出てくると、グーグルに対する信用は損なわれていきます。

しかし、あいだに入っているのがグーグルほど信頼できない会社の場合はどうでしょうか。たとえば、国家情報法で「いかなる組織及び個人も、法律に従って国家の情報活動に協力し、国の情報活動の秘密を守らなければならない」と定めている中国系の企業の場合、無条件に信用してよいのでしょうか？　そもそも自分が属する会社のメールでプライベートな話をしてもよいのでしょうか？　会社に見られる心配はないですか？　疑いだすとキリがありません。

グーグルだから信頼できる、国際的なクレジットカードだから信用できる、というのは、裏を返せば、あいだに入るのがあやしげな会社だと信用できない、ということでもあります。そもそも、リアルなデパートやレストランでクレジットカードを使うときも、カード情報が盗まれて悪用されるリスクはつねにあるわけで、相手はそんなことはしないという信用がなければ、誰もカードなんか使いません。つまり、その取引、その情報のやりとりが安心できるかどうかは、あいだに入る仲介者の〈信頼〉度によって変わってしまうわけです。インターネットのエンド・ツー・エンドの設計理念は、このような部分でも、大きくかかわっています。信頼と安全の責任の所在は、利用者とインターネットの向こうで直接話す相手との間で信頼の仕組みができるかどうかにかかっているのです。このことは、インターネット以前の詐欺や犯罪でも同じモデルだったとも言えます。

仲介者なしの「トラストレス」こそビットコインの本質

すると、こう考える人が出てきます。仲介者が信用できるかどうかなんて、どこまでいってもわからない。だったら、最初から仲介者を排除して、直接価値（お金）を交換する仕組みをつくればいいじゃないか。そうして出てきたのが、ビットコインという名の暗号資産でした。

ビットコインは「サトシ・ナカモト」を名乗る謎の人物による論文が発端となって生まれました。サトシ本人はその言葉を使っていないけれど、特定の誰かに対する〈信頼〉に依存しないこうした仕組みを「トラストレス」といい、これがビットコインをはじめとするブロックチェーン技術の合言葉のようになっています。

お金をやりとりするときの仲介者、つまり銀行や証券会社、クレジットカード会社などの金融機関には、お金を出す側と受け取る側、貸し手と借り手の情報が集まります。それは、物やサービスを売りたい人と買いたい人をマッチングするECサイトやアプリ市場、動画や音楽を見てほしい人と見たい人をつなげる動画・音楽サイト、職を得たい人と採用したい企業を結びつける就職・転職サイトなど、あらゆる取引を仲介するプラットフォームに当てはまることで、真ん中にいる仲介者には大量の情報が集まり、絶大な権力を握ります。

そうした中央集権的な管理を避けて、市場に参加する人たちがみんなでコストを負担しながら、分散して運用しようという発想が、ビットコインの根底にあります。

ビットコインの取引とは、ある人から別の人物にビットコインを送ることを意味しますが、ひとつひとつの取引を市場参加者が承認してはじめて、その取引が完了する仕組みです。逆にいうと、不正な取引をおこなおうとしても、みんなに認めてもらえないので、取引そのものがなかったことになるのです。

このように、ビットコインにおける取引はつねに当事者同士の相対取引で、その取引をみんなで分散して承認する仕組みがあることで、はじめから仲介者が不要な構造になっています。どこかに情報が集まるのではなく、参加者がそれぞれ分散して処理することで、自分の思いのままに支配する権力者が生まれないようになっているのです。

円やドルなど国が発行する法定通貨は、その国の中央銀行によるコントロールを受けます。

日本やアメリカのように国家の信用度が高い国であれば、そこまで気にならないかもしれませんが、経済的に自立できていない国や、独裁者のひと声で国の政策が根本から変わってしまうような国の通貨は、いつ暴落して紙切れになるかわかりません。それならば、最初から国家や特定の企業による管理を排除して、アルゴリズムにすべて委ねたほうが、よほど〈信頼〉できるのではないでしょうか。

つまるところ、ビットコインや同じブロックチェーン技術を使った暗号資産を信じるかどうかは、国とアルゴリズムのどちらのほうが〈信用〉できますか？という問いと同じ意味なのです。国のほうが信用できるという人は、これまでどおり、法定通貨を使うことをおすすめします。しかし、なかには、国も政治家も信用できない、人間の恣意的な判断が入らないアルゴリズムのほうが信用できるという人もいるはずです。そのような人はビットコインと相性が良いということになります。

4　メディカルインクルージョンの実現に向けて

遠隔手術が現実のものに

ヘルスケアの分野でも、インターネットの存在感は徐々に大きくなってきています。いよいよ、遠隔手術ができるようになってきたのです。

アメリカのインテュイティブサージカルが開発した手術支援ロボットシステム「ダビンチ」は、日本の病院でも導入が進んでいて、医療現場ではなじみの深い存在です。私も試しに触らせてもらったことがありますが、コックピット(操作台)に入って手袋をはめ、スクリーンがあって、それを見ながら手を動かすと、数ミリ四方の非常に小さな範囲でアームが動いて、指ではむずかしいような細かな作業ができるようになっています。

それだけ細かな作業なので、外科手術の名手、トップガン(トップクラス)の外科医たちがいるわけです。手術台がステージみたいになっていて、名人が手術しているところを、学生たちがメモをとりながら見ている。そうやって名人の技を学ぶのです。

ところが、このダビンチの特許が期限切れを迎えたので、日本の川崎重工業がIT技術のシスメックス社と一緒に、手術支援ロボットを開発しました。ダビンチはネットワークにつながっていないスタンドアローンのロボットでしたが、国産の「hinotori サージカルロボットシステム」には、ネットワークが組み込まれています。すると、コックピットの機能だけ、離れた別の場所に移すことができるわけです。

その結果、どういうことが起きるか。たとえば、手術中に熟練の業(わざ)が必要になったとき、「よし、ちょっと貸してみろ」と、遠く離れたコックピットにいる名人にコントロールを移管することで、手術に協力してもらうことができるのです。むずかしいところだけやって、通常の作業に戻ったら、「あとはよろしく」とコントロールを戻す、ということも可能になります。従来、最初から最後まで何時間も、名人が手術をおこなわなければなりませんでした。ところが、こうしたやり方なら、実働五分や一〇分で済む。同じ時間で複数の医師のバックアップができる。そうすれば手術の成功率も上がり、救われる命が増えることも期待できます。

どこにいても名医の手術が受けられる

遠隔医療で問題になるのは、手術中にネットワーク接続が切れるという事態です。しかし、医療制度の専門家によると、遠隔地にいるバックアッパーは手術の一部だけをおこなうというやり方であれば、仮にネットワークが切れたとしても、患者のすぐ近くのコックピットには別の医師がいて、手術を続行できます。そのため、すぐに患者の命に危険が迫る可能性は低い。細かな作業が求められるため、ネットワークのレイテンシー（遅延）も問題になります。ただし、その場合も遠隔地にいるのはあくまでバックアッパーだと考えれば、大きな問題にはならないはずです。

私は、シンガポールにいる日本の名医が、日本でおこなわれている手術の途中で一部のオペレーションを代行するという実験の成功に、ネットワーク部隊としてかかわることができました。高度な技術を身につけたトップガンの名医たちの力で、日本だけでなく世界中に散らばる患者の命を救うことができる世界が、インターネットの上で展開する日は遠くありません。そうなれば、世界の医療の構図そのものが変わってきます。

もっとも、これはあくまでトップガンの話です。本当に大切なことは、たくさんの医学部の学生がトップガンになるための教育や訓練体制をつくることにほかなりません。そのための技術環境をバーチャルリアリティなどを駆使して提供することも、インターネット文明の責任ではないでしょうか。

個人の健康記録を集約する

遠隔手術という最先端のテクノロジーが実用化に近づいている一方、医療のデジタル化、医療データの集約化は非常に遅れをとっていて、改善の余地がまだたくさん残されています。

たとえば、診療報酬の明細をまとめたレセプトはデジタル化、オンライン化されていて、それによって医療費も、診療報酬も決まっているわけですが、カルテは病院ごとにバラバラで、手書きも多い。病院ごとにシステムを発注しているから、横の連携もとれていません。残念ながら、患者本人が自分のカルテを確認したいと思っても、アクセスできないのが現状です。

「お薬手帳」の活用が推進されて、服薬の記録の一部はマイナポータルから確認できるようになってきていますが、それもまだ道半ばです。

その一方で、日々の心拍データや睡眠記録などが、いまやスマートウォッチにログとして残るようになっています。こうしたデータを全部まとめてPHR（Personal Health Record）と言いますが、それらを一元管理できるようになれば、医療研究にも有効です。たとえば、どのような患者に対して、どの薬を、どれくらいの分量を与えるのが適切かを調べるテスト、つまり「治験」が劇的に正確に、かつ速くなります。治験というのは、N（人数）とT（時間）のかけ算によって決まるので、大量のデータの中から最適な患者を一気に抽出できれば、Nが増え、Tはその分短縮されます。

そうしたことが現在、着々と進行しています。このことは産業レベルの大変革を起こすと同時に、世界の人類の健康にも大きく貢献するはずです。

地球全体で考える

藤田医科大学が、羽田空港に隣接した羽田イノベーションシティに先端医療のクリニックを開設しました。日本の手術支援ロボットを入れて、外国のパスポートで治療が受けられる「特区」を目指すシンボリックな医療施設です。日本の名医たちの手術が外国のパスポートで受けられるとなれば、海外の富裕層を惹きつけるメディカルツーリズムを生み出す可能性があります。そうした時代がすでに目の前に迫っているのです。

このような拡張はインターネット文明の中で予想もできないスピードで進むことでしょう。地球のどこかにいる患者を、別の場所にいる医者が治療できれば、その患者の命を救えるようになります。グローバルな視点でそれを実現することを、我々は「メディカルインクルージョン」と呼んで研究活動を続けています。

たとえば、世界のどこかで貧困状態にある子どもに対して、高額な医療を受けさせたとき、その費用は誰が負担するのか問題になるかもしれません。しかしながら、もっと長期的な視野に立てば、その子が命を落とすことなく成長して、高い教育を受けることができれば、生涯収入も上がり、幼いころにかかった治療費もどこかでバランスがとれるのではないでしょうか。人間の健康や命といったものをグローバルかつ長期的な視点でとらえ直す。そのような考え方がメディカルインクルージョンの根底にあります。

いわば、地球全体として人の健康や医療を考える時代が近づいているのです。

第4章　インターネット文明の政策課題

1　プライバシー保護と監視社会

インターネットにおける政府の役割

これまで見てきたように、インターネットは大学や研究所といったアカデミズムから発展してきたという歴史的な経緯があります。大学や研究所内のローカルなネットワークを相互に接続する「ネットワークのネットワーク」としてインターネットは始まったので、最初からインターネットに参加していたアメリカや日本、イギリス、フランス、ドイツのような国々では、早くから民間主導で草の根インターネットが普及していました。

ところが、インターネットの利用が広がり、経済的に価値があることがわかってくると、政府もその存在を無視できなくなり、次第に政府の関与が増えてきます。当初は、とにかく「つながる」ことが優先されたので、国もおおらかな態度で傍観していましたが、人々のインターネットへの依存が高まるにつれて、そうも言ってはいられなくなりました。政府は明らかに事後的にインターネットの政策戦略的価値に気づいたわけです。

さらに、サイバーセキュリティリスクの急増は、安全保障の関心事にもなっていきました。こうなると、政府の専権事項として扱う部門も生まれてきます。このことについてはのちに議論することにします。

インターネットに後から参入してきた国々は、先発組の成功も課題も目の当たりにしているので、最初から国が主導して国内のインターネットを整備していきました。インターネットはたしかに経済的なインパクトをもたらしてくれますが、それ以外の副産物（自由な言論や政府批判）も大きいということが見えていたため、後発組のブラジル、ロシア、インド、中国といったＢＲＩＣｓやアフリカなどのグローバルサウスでは、どうしても国の関与が強くなりがちです。

この先発組と後発組の認識の違いは、今でも至るところについて回ることになりました。先発組には、政府はアドバイザーであって、実際にインターネットを動かしているのは民間だという意識があるから、グローバルな運用実績を尊重しながら、各国はそれを維持していけるように体制をつくろうというのが政策的な本心です。一方、後発組にとってインターネットは国が管理すべきものだから、ナショナリズムの高まりとともに、インターネットそのものへの関与を強める傾向があります。彼らにとって、インターネットは第一に内政問題なのです。

一方、中国は、グローバルでオープンなインターネットの重要性を認めています。知の交流や経済的な連携といった視点から、インターネットのグローバルスペースが重要だということは、中国の国際戦略のためにも重点認識として存在します。しかし、国内に目を向けると、体制批判を監視するために、インターネットはインテリジェンスにとって重要な情報環境となります。このふたつを両立する中で、緊張関係を保ちつつ発展するというモデルです。

インターネットの政策論を語る前提として、グローバル空間の発展を担う意識の高い国と、低い国、別の言い方をすれば、グローバル経済での飛躍に重点がある国と、内政の監視に重点がある国という、ふたつの立場があります。この両者のバランスの中でインターネットは発展しているということを、まず理解する必要があります。

GDPRをめぐるEUの政策論争

たとえば、EUは二〇一八年から個人データ保護のためのGDPR(一般データ保護規則)という規制を設けました。それに先立ってEU議員団が日本にやってきて、政治・経済的な条件を詰めるためのミーティングがおこなわれました。これはいわば、GDPRというルールの中で、デジタルデータを協力して扱っていけるかどうかを確認するための試金石のような会合でした。そのような場には、アカデミズムからは法律家が入るのが常ですが、デジタルデータやインターネットの視点で私も参加しました。

そこでの議論から見えてきたのは、EUの中でもふたつの立場があるということでした。ひとつは市民派とでも呼ぶべき人たちで、もうひとつはEU企業の代表、経済界の代表といった人たちです。

市民代表の人たちは、プライバシー保護を前面に押し出してきます。ヨーロッパには全体主義という暗い歴史がありますから、個人情報を政府に握られてたまるか、という視点でチェックしてくるわけです。彼らからすると、憲法第二一条二項で「検閲は、これをしてはならない。通信の秘密は、これを侵してはならない」と定めた日本は、素晴らしい国に見える。言論や通信に政府が介入するのを禁じた法律をもっている国などめったにありませんから、それだけで称賛に値するわけです。一方、そのことがサイバーセキュリティの体制を弱体化させないかという懸念も生みます。サイバーセキュリティの脆弱なスパイ天国になってしまっては、結果としてプライバシーは守られないのではないか、というものです。

一方、経済界代表の人たちは、アメリカ企業にやられてなるものかという強い危機感を抱いています。グーグルやメタをはじめとするビッグテックに、ヨーロッパ人の個人データをもっていかれ、いいように使われるのを黙って見ているつもりはないという対抗心が原動力となっているようです。彼らには、日本企業はアメリカ企業と仲が良いように見える。そうすると、ヨーロッパ人の個人情報が日本で扱えるようになっていると、日本経由でアメリカにその情報が流れていくのではないかという懸念がある。自分たちが一番恐れている事態が、日本で起こるのではないかという視点でチェックしてくるわけです。

プライバシーと監視をめぐる各国の立ち位置

市民代表も経済界代表も、プライバシー保護のための規制が必要という点では一致しているものの、そこに働く力学は微妙に違います。そのため、日本に期待される役割も違ってくるし、そもそもEUとアメリカではここで述べたように見ている方向がまったく異なっています。

そう考えると、プライバシーに関する考え方や、個人データの利用に関する規制のあり方をめぐって、先発組も決して一枚岩とは言えません。日本には日本のやり方があるし、アメリカでもない、EUとも違う、日本独自の安全な社会づくりを目指していかなければいけません。

後発組の中には、国家による監視が法律によって正当化されている中国のような国もあります。中国は、サイバーセキュリティ法、データセキュリティ法、個人情報保護法という「データ三法」によって、国内データを厳重に管理しており、企業が保有する個人情報も必要に応じて国家に提出させる仕組みがあります。中国政府が「よこせ」と言うだけで、自国民の個人情報が吸い上げられてしまうところに、データを置いておくわけにはいかない。そのようなところまで視野に入れておかないと、個人情報や文化を守ることはできません。

そう考えると、インターネットを用いたデジタル情報の流通や守秘のルールを同意・確立して、それをもって外交関係において日本がどういう立ち位置で、どういう場を使って議論していくかを決めるべきです。G7の枠組みを使うのか、G20のほうがよいのか、あるいはOECD（経済協力開発機構）やWTO（世界貿易機関）の場を利用すべきか。QUAD（日米豪印戦略対話）やASEAN（東南アジア諸国連合）の枠組みはどのように使うのか。そういったことまで考えておく必要があります。

本人確認情報を無頓着に提供してきた日本人

日本人にも戦前の苦い記憶があるから、国に個人情報をすべて握られたくないという思いがあります。マイナンバーカードが普及しない理由にもなっており、「国民総背番号制」というネーミングにその思いが表れています。国民一人ひとりに別々の番号を割り当てることで、それまで別々に管理されていた各種のデータに横串を通して、いちいち照らし合わせなくても効率的に扱えるようにすることなのですが、それに反対する人がいるのは、政府のつくるシステムに対する不信感があると同時に、戦前の記憶があることも一因でしょう。

しかし、国に対しては敏感に身構える人が少なくない一方で、企業サービスに対するプライバシー意識は鈍感だと言われています。たとえば、KYC（Know Your Customer）、つまり銀行窓口やレンタルビデオ店などに行くと、「住所」「氏名」「年齢」「性別」など各種の個人情報を記入することが求められます。このデータが膨大に積み上がっています。ビデオを借りるだけなのに、「年齢なんている?」「性別は不要では?」「運転免許証のコピーまで取るの?」と疑問に感じたことのある人もいるかもしれませんが、かなり細かい個人情報でも、言われるままに提出しているのが実情です。

本人確認のためのKYCデータは、実は、前章にも出てきたターゲティング広告や、ターゲット・マーケティングが成立するために欠かせない重要なデータです。コストをかけて製品開発するときに、どの年齢層の男性か女性か、どういうバックグラウンドの人間に対してマーケティングをかけていこうか、アンケートを実施しようかというときに、KYCデータは宝の山です。だから、KYCデータそのものが売買の対象になります。

命を守るという軸

「自分の個人情報は、自分の便宜のために使われる分にはかまわないけれど、勝手に使われるのはごめんだし、それで儲けている人がいるなら、きちんと対価を払うべきだ」というロジックが、インターネット時代になって出てきました。KYCデータはプライバシーそのものだから、そのデータを使っていいかどうかは、本人の意思で決められるようになっていないとおかしいという考え方が根底にあります。

個人情報の収集から販売までの間にはいくつものステップがあり、また時間のずれも生じます。どこで儲かるかわからない時点では、収集業者は対価を支払うことができません。また個人情報保護法によって、本人が特定されるようなデータをそのまま売買するのは違法となり、特定の個人と紐付いた部分は削除された統計データが売買されるようになった結果、統計データを買ってマーケティングに利用して儲ける業者が出てきたとしても、すでに誰に対価を支払えばいいのかわからなくなっているという事態が発生します。

このような理由で、プライバシーの扱いはなかなかうまくいきませんでしたが、健康データの扱いをめぐって、変化の兆候が出てきたように感じています。

これまでは、自分の健康データが医療の発展や薬の開発に役立つと言われても、半信半疑の人が多かった。ところが、COVID-19の爆発的流行で、自分の命を守る、家族の命を守る、友人知人の命を守る、そうしないと社会が崩壊して世界は破滅するかもしれないという課題を突きつけられた結果、多くの人が一定の社会規範を受け入れるようになりました。

とはいえ、個人のプライバシーに踏み込んで感染エリアを抑え込み、ゼロコロナ政策を強力に推進していた中国と違って、国に個人情報を握られることに拒否感が根強い日本では、スマートフォン向けに無料で配布した「新型コロナウイルス接触確認アプリ（COCOA）」でも、データは残さないと明言するなど配慮を示していました。感染者と濃厚接触の疑いがあったときだけ連絡が入るという、最も消極的なやり方です。

それでも多くの人が利用をしていました。いまとなっては、アプリの有効性に疑問もありますが、命を守るという軸さえ明確になっていれば、日本人も必要に応じて個人データを提供してくれるということがわかったのは、大きな収穫です。

今後さらに議論が深まり、国も、企業も、共通の透明性をもった利用を心がければ、国民との間に信頼関係を築くことができます。個人情報と行政サービスやあらゆる産業分野でのデジタルデータの扱いのわかりやすいルールの確立は、インターネット文明の次のステップへのとても重要な扉を開くことになるでしょう。

2 インターネット規制と国際協調

違法な「漫画村」サイトへの接続を切断する？

中国やロシアなどを中心に、インターネットを国がコントロールできるようにするという法整備が進むなか、このままでは地球をひとつに結びつけることで発展してきたインターネットがあちこちで分断されるのではないか？

このような質問をよく受けます。前にも述べましたが、グローバル空間としてのインターネットを尊重し、より大きな世界レベルの経済基盤を維持するという考え方と、管理主義的な政府が監視社会のためにインターネットを利用するということは、別の政策的背景でおこなわれていることに注意が必要です。「インターネットの分断」という言葉は、インターネットの仕組みの正しい理解の上で議論する必要があります。

一方、目を国内に転じると、グローバルインターネットの核心とインターネット規制をめぐる白熱の議論が顕在化したことがあります。それが、二〇一八年に国会審議でも取り上げられ、社会的に注目を集めた「漫画村」事件です。

違法にアップロードされたマンガが見放題という海賊版サイト「漫画村」が人気を集め、月間利用者数が一億人近くにも達したことで、電子コミックを含む原作マンガの売上が落ち、マンガ家や発行元である出版社が巨額の損失を被ったという事件です。出版社側は対策に乗り出しますが、海賊版サイトが日本国内ではなく海外にあることが障壁となって、日本の法律での取り締まりがむずかしいとされていました。困り果てた出版社の陳情を受けて、政府からは「海賊版サイトへのインターネット接続を切断しよう」という方針が出てきます。

海賊版サイトは日本の著作権法に違反しているのだから、サーバが海外に置いてあったとしても、海賊版サイトの運営者を逮捕して、日本に身柄を移して日本で裁くというのが筋です。本来は時間がかかってもそうやって解決すべきところですが、「それでは間に合わないから」という理由で、海賊版サイトへのインターネット接続を強制的にブロッキングすることを決定し、インターネット接続業者に要請するという事態に発展します。

DNSブロッキングの仕組み

それまでにも、一部のインターネットサイトへの接続を切断した前例はありました。DNS（Domain Name System）ブロッキングという方法です。

たとえば、グーグルで検索をかけて何でも調べられると不都合だと感じる国があります。そのような国では、グーグルの検索サーバにアクセスしようとすると、「見てはダメ」というページなどに誘導される仕組みを組み込みます。ユーザーが www.google.com にアクセスしようとしても、DNSサーバが、本来の www.google.com に割り当てられたIPアドレス（インターネット上の住所のようなもの）でなく、あらかじめ設定された政府の禁止メッセージの書かれた別の（偽の）ページなどのIPアドレスを返してくるので、ユーザーは自動的にそのページに飛ばされることになります。

このDNSブロッキングは、ウェブサイトの乗っ取りで悪用される手法で、たとえば行政機関のウェブサイトが乗っ取られて、テログループの偽装するサイトに誘導されるという事件が多発しています。セキュリティ攻撃としてはよく知られた技術のひとつです。

それを漫画村対策として合法的にやろうと提案されたのです。つまり、海賊版サイトにアクセスしても、別のサイトに飛ばされて「これは海賊版だから見てはダメ」というページが表示されるようになるわけです。

ところが、このDNSブロッキングをISP（インターネット接続業者）がおこなうと、致命的な問題が生じます。www.google.com のIPアドレスが何番になるかを返すDNSサーバは、通常、複数のコピーによってインターネット上に分散されて運用されています。ですから、一部のDNSサーバを「乗っ取って」偽の情報を返しても、別のサーバにIPアドレスを要求すれば正しいアドレスが返ってしまうので、どうしても矛盾が発生してしまいます。

グーグルを遮断している国のDNSサーバは当然、別のページのIPアドレスを返すわけですが、DNSサーバは国内にあるとは限りません。手近なところに問い合わせればよい仕組みになっているから、国境の外にあるDNSサーバにアクセスする人も出てきます。そうなると、当然、本物の www.google.com が表示されます。

実は、自国民に見せたくない情報のある国がかつて、グーグルを遮断するためにそのような処置をしたことがあります。しかし、DNSのサービスはグローバル空間に点在しているわけですから、逆に近隣諸国のユーザーがこの国のDNSを引いているケースも多いのです。結果として、その国の国内のみならず、周辺一帯でグーグルが閲覧できなくなってしまいました。さらに、国民がグーグルを見たいと思ったら、制限のかかっていない国外サーバにアクセスして、グーグルの本当のＩＰアドレスを得ることもできるわけですから、簡単な設定でこれを使う人も出てきました。

その結果、グーグルを締め出したい国のみならず、その周辺地域でもグーグルに障害が出てしまう。にもかかわらず、リテラシーの高い人は、国の妨害にもかかわらずグーグルを利用し続ける。このような、ちぐはぐな状況が起きてしまうことが経験値として残っています。

この状態を避けるためには、全世界のＩＳＰが一致団結して「このウェブサイトは表示しない」と決めるしかないのですが、そんなことはとうていできません。つまり、ＤＮＳブロッキングは根本的な解決にはならないということです。

海賊版サイトのせいで日本のマンガの売れ行きが落ちたからといって、世界中のインターネットを止めるわけにはいきません。ですから、正規の捜査手順を踏んでいたら間に合わないからといって、安易に「インターネットのブロック」を最初の一手にしてはいけないのです。ですから、ＤＮＳブロッキングだけでなく他の選択肢がないものか、出版事業関係者やインターネット事業関係者とで力を合わせようという会合を、産学の連合で定期的に進めてきました。もちろん複数にわたる政府関係省庁の協力もあります。

さまざまな働きかけの結果、なんとかＤＮＳブロッキングという悪手は回避することができました。しかし、インターネット文明の担い手としての日本にとって、その結果以上に重要なのは、産官学が連携しつつ、しかし利害関係の独立したステイクホルダーとして定期的に議論できる体制を自律的につくりあげたことだと思っています。

唯一のブロッキング事例は「児童ポルノ規制」

そもそも、なぜ海賊版サイトをブロックしようという発想が出てきたのかというと、ひとつの成功事例があったからです。それが児童ポルノ規制です。児童ポルノ規制は世界中が合意しており、異論もありません。現在、世界中のＩＳＰが力を合わせて、児童ポルノと認定されたものは見せないようにしています。

ＩＳＰは、どこかから大量のアタックを受けて回線がパンクしかけたとき、自社のネットワークを守るために、別の方法でアタックをブロックすることが認められています。それは正当の権利であり、日本の法律でもそうなっています。

ですから、技術的にはブロックは可能なのです。ただし、それが許されているのは、自社のネットワークを守るときと、世界中が合意した児童ポルノ規制のときだけです。それを「技術的にブロックできるなら、やればよい」と短絡的にはじまったのが、「漫画村」事件だったというわけです。

実は、望ましくないサイトやサービスへのアクセスを防ぐための技術的な方法は、既にたくさん提供されています。みなさんが使っているブラウザやＯＳにも組み込まれています。ユーザーの責任で、または、ユーザーの要求や合意によって、アクセスを自動的にブロックできるのです。

これは、インターネット上のサービスのイノベーションを阻害せず、ユーザーが安心してインターネットを利用できるようにするためのものです。「エンドユーザーの役割と責任」と「インフラストラクチャの役割と責任」を正しく認識して、誰が何をやるべきかを決めていくというのも、マルチステイクホルダーと呼ばれるインターネットガバナンスに対する人類の学習成果と言えるでしょう。

国際協調の重要性

しかし、著作権などの知的財産については、国ごとに法律が決まっています。それらを調整するための国際的な仕組みも、いろいろと用意されています。そうした枠組みの中で連携していくべき課題と、グローバルなサイバー空間の中でデジタル情報を維持・発展させていくという使命。そのどちらが欠けてもうまくいきません。

グローバルなサイバー空間に関しては、国の集合である国際社会だけではなく、人類全体の使命であると、私は考えています。その一方で、国ごとに多様な法律があって、それぞれインターネットでやりたいこと、やりたくないことに違いがある。それをどうやって調整していくかという努力は、国同士が話し合って決めていくしかありません。

　地球全体に通じる法律というのはありませんから、国際協調以外に道はあり得ません。国連が定めた国際連合憲章という文書がありますが、そこで記されているのはあくまでレコメンデーションにすぎず、各国はそれを受けて自国の法律に落とし込んで運用していかなければならないのです。

3　言語と出版文化

日本語をインターネット上で使えるようにする

　グローバルなインターネット世界において、国の政策によって守られるべきなのは、プライバシーや知的財産だけではありません。根源的かつ決定的な意味をもつものとして、言語があげられます。

　自国の言語がインターネット上で使えるかどうかというのは、国内でインターネットが普及するかどうかの試金石ですが、それだけではありません。サイバー空間で自国の文化を守るためには、まず自国の言語で表現できることが決定的に重要です。言語を尊重しない文化に未来はありません。

今では当たり前かもしれませんが、日本語が、さらには漢字文化圏の言語がインターネット上で使えるようになるために、日本人が果たした貢献は決して少なくありませんでした。デジタル環境としては、ＯＳの国際語化は厄介でしたが、インターネットの発展前に整備することができました。これももちろん日本の技術者や出版界の多大な努力と貢献のたまものです。

日本語情報がインターネット上で美しく、読みやすく、自由に流通するためには、大きな障害がふたつありました。

ひとつは縦書きです。アメリカのブラウザベンダー各社は、縦書きを採用するのを基本的には嫌がります。自分たちは使わないし、縦書きへの共感は低い。そんな彼らに縦書き表示機能をつくらせるのは大変です。

私がインターネットにおける日本語の処理に取り組んでいた当初は、中国でも縦書きが通用していました。ですので、中国のインターネットユーザーが急激に増えてきているのだから縦書きは必要だというのを、説得材料のひとつにしていました。ところが、中国はなんと、縦書きを非公式にして、教育・新聞・公文書などを全部横書きにしてしまったのです。

まだ台湾やモンゴルなど、いくつかの国では縦書きが通用しますが、中国という大きな味方がいなくなってしまったことで、縦書きを認めさせるハードルが一気に上がりました。中国には縦書きの歴史文書が大量に残されていますから、将来苦労するのではないかと心配していますが、それはまた別の話です。

縦書きに加えて、大きな障害となったのが「分かち書き」のない日本語の構造です。インターネットの利用者には多様な人たちがいて、大きな字が必要な人も、細かい字がうれしい人もいます。インターネット上のブラウザでの表現は読みやすいということが重要です。場合によっても違うかもしれません。

欧米の言語では単語の間に必ずスペースが入るので、文法的な区切りがはっきりして、読みやすさにもつながっています。ところが日本語の文章は、句読点以外は区切りがなく、全部つながっています。これを処理するのが、思いのほかむずかしいのです。

日本語でも、アナウンサーが読む原稿は、文節単位の分かち書きで書いてあります。そのほうが間違えずに、正確でなめらかに読めるからです。幼児向けの児童書が分かち書きで書かれているのもそのためです。おそらくみなさんも、年をとって文字の認識能力が落ちてくれば、分かち書きのありがたさが身にしみてわかるはずです。それくらい、分かち書きというのは読む上での速度に影響するのです。

そのような幾多のハードルを乗り越えて、今のブラウザや電子出版の環境が生まれています。世界的に見てもかなり特殊な言語に分類される日本語がインターネットで使えるようになったことで、ほかの数多くの言語にも恩恵があったのです。

さらなるアクセシビリティの向上へ

こうして日本語はふつうに使えるようになりましたが、まだ課題は残されています。たとえば、目が見えない人でもインターネットを使えるようにするには、テキストデータを読み上げる機能が不可欠です。日本語には読み方がむずかしい言葉も多く、その場合はルビ(よみがな)を振って対応します。日本語のテキストを読み上げるときには、地の文を読みながら、ルビがある箇所に来たら、地の文ではなくルビを読み、それが終わったら地の文に戻るといった作業が必要となります。これは出版・印刷技術とともに積み上げられてきた日本語文化の財産です。

目の見えない人や、認知能力の落ちた高齢者をはじめ、すべての人がインターネットを使えるようにするには、こうした課題を一つひとつクリアしていかなければいけません。

超高齢社会を迎えるにあたって、「すべての人がインターネットを使える」というアクセシビリティの向上が不可欠です。高齢者だけではありません。子どもの理解度に応じて、漢字表記をひらがなに自動で置き換える機能なども視野に入ってきます。

障害者や高齢者、子どもにやさしいユーザー・インターフェイスの開発は、言語に対する正しい理解が前提になります。それは長い目で見れば、自国の文化を守り、継承していくことにもつながるのです。

Ｗ３Ｃで縦書きが国際標準に

縦書きについては、ウェブ標準を策定する標準化団体Ｗ３Ｃ（World Wide Web Consortium）で国際標準として正式に認められました。実は、縦書きの標準化を議論していたのはＷ３Ｃだけではなく、もうひとつ、ＩＤＰＦ（International Digital Publishing Forum）という別の標準化団体がありました。ＥＰＵＢ（電子出版）の標準規格を策定したのはＩＤＰＦでした。

ウェブと電子出版はどちらもテキストデータをベースに画像などをレイアウト表示する仕組みで、もともと似たところがあります。違うのは、ウェブにはページで区切るという発想が希薄なところです。もちろん、可読性の問題で複数ページに分けて表示することはできますが、ひとつのページにすべてのテキストを流し込むこともできます。ブラウザの表示幅はユーザーによって違うので、それに合わせてテキストを折り返すとか、画像や動画が関連するテキスト本文からあまり離れたところに表示されないようにするといった、ダイナミックな表示のしかたに特徴があります。

一方、紙の書籍から出発した電子出版には、ページの概念があります。ところが、ＰＤＦのような固定レイアウトをやめて、フォントサイズを端末側で変えられるようにすると、ウェブと同じダイナミックなレイアウト表示が必要になります。スマートフォンで読むか、タブレットで読むか、PCで読むかによっても表示幅は変わります。フォントサイズによっても一ページあたりで表示できる文字数が変わります。そういうことであれば、もはやほとんどウェブと変わりません。

議論が進むにつれて、似たようなことをふたつの団体で別々に決めることに疑問を抱く人が増えてきます。それもあり、最終的にはIDPFがW3Cに吸収される形で一本化されました。もしW3Cが縦書きを認めていなかったら、IDPFはW3Cと一緒にならなかったのではないか。そうなると、電子書籍の中で縦書きの日本語だけが、特殊な例外となっていたかもしれません。

左開き文化のフランスでもマンガは右開きに

W3Cはグローバルなインターネットから出発した組織で、私も参加しています。慶應義塾大学SFC研究所が、中国を除くアジア圏の担当となっているのです。それもあって、W3Cで縦書きの標準化を進めるということを、日本の出版社を集めて口説きました。電子出版とインターネットの標準化を一緒にまとめるには、日本の出版社が力を合わせなければいけないということで、定期的に勉強会を開催したのです。

ここで話はそれますが、私は誰にも負けないほどマンガが大好きです。子どものときから月刊マンガ誌や、やがて登場した週刊マンガ誌も愛読していましたし、床屋にある貸本マンガも読み漁っていました。それらを原作とした初期のテレビアニメの主題歌を、今でもほとんど歌えるほどのマニアです。

そんなわけで、私の家には大量のマンガであふれていましたが、近頃は電子書籍で読んでいます。作家の自由なイマジネーションと日本の出版編集および印刷技術によって成長した日本文化としてのマンガは、見開きページのアートだと思っています。ですから私は、横長のディスプレイで読むようにしています（縦スクロールの新しい挑戦はまた別のアートとして発展するでしょう）。

本題に戻ります。勉強会を続ける中でわかってきたのは、マンガを左開きにすると、なにかと不都合だということです。というのも、右開きの日本の書籍と違い、海外では左開きが多い。そのため、日本のマンガが海外で翻訳・出版される際には、左右反転で印刷され、左開きで流通していました。

紙のマンガは、違法コピーとの闘いが続いていました。発売直後にスキャンされ、ＰＤＦ化された海賊版の翻訳が、あっというまにインターネット上にアップロードされます。「漫画村」

と同じ問題が、海外翻訳マンガの世界でも発生していました。

それに対抗するには、正規版の流通速度を速めるしかありません。海賊版と同じか、それ以上のスピードで正規版が手に入るようになれば、翻訳の精度も解像度も落ちる違法コピーを駆逐することができるはずです。

そのスピード感を実現するには、制作工程をすべてデジタル化する必要があります。最初からデジタルならば、吹き出しの中のセリフだけを翻訳すれば、すぐに各国語版ができるからです。ところが、マンガには画の中に「ドカーン！」といった擬音や擬態語がデザインされ、たくさん出てきます。どうせなら、それも翻訳したい。でも、原画は尊重したいわけです。

そうすると、画を反転させて左開きにするのは、いかにも都合が悪い。右開きで流れてきて、ページを開いたときに「お！」と思わせるように計算されて見開きページがデザインされているのに、左右反転してしまうと、その計算が崩れてしまう。だから、原画を尊重するには右開きにするしかなかったわけです。

この右開きが、ヨーロッパのマンガ大国であるフランスで受け入れられました。フランスで出版されるマンガが右開きになったのです。これは、実はものすごい出来事です。まさにコンテンツがもつパワーによるものだと思います。その国の出版文化を変えてしまうくらい、日本のマンガは世界中で読まれているということですから。

とはいえ、楽観は禁物です。中国や韓国のマンガも急速に進化しており、いまや日本のマンガと遜色ないレベルの作品が出てくるようになっています。だからこそ、いち早くグローバルマーケットをつくるということを、日本も意識しておかなければいけません。

電子書籍は「定価販売」の対象外

ちなみに、マンガのデジタル制作では、背景や背景の中の「ドカーン！」という文字、キャラクター、吹き出しが別々のレイヤーになっていて、それを重ね合わせてひとつの画として表示させています。そうすると、背景の中の文字と吹き出しの中のセリフだけ翻訳すればよいので、効率よく各国語版を制作できるようになっています。

ひと昔前までは原稿を印刷して、それをスキャンしデジタル化したうえで、そこに翻訳の文字を重ねるといった工程が必要でした。それに比べると、フルデジタルで制作することのメリットは明らかです。

電子書籍が普及する前は、紙の本をスキャンしてＰＤＦ化することが流行った時期もありますが、いまは完全に逆転しています。まずＥＰＵＢ形式などのデジタルデータとして用意され、必要に応じて印刷するというオンデマンド出版も登場しました。この方法であれば、紙の本を印刷・製本するのと比べて初期費用がほとんどかからず、原稿さえ用意すればよいので、出版社を通さずに個人で出版する人も増えました。

従来の紙の書籍は再販制度の対象となり、定価販売が義務付けられています。しかし、電子書籍やオンデマンド出版の場合は、本の価格は出品者が自由に設定することができます。それによって、二四時間限定セールなど、いろいろな価格で販売することができるようになり、従来の紙の書籍販売とは違った手法を工夫する余地が増えました。

課題山積の電子教科書

電子書籍については、日本の出版社が足並みをそろえることができたこともあり、電子コミックを中心に順調に売上を伸ばしています。二〇二二年には、電子書籍全体で五〇〇〇億円以上の市場となっています。

一方、電子教科書については、電子書籍とはまた違った事情があるようです。日本の主要な大手出版社が教科書をつくりたがらないのは、教科書検定があるからです。出版社には自由人が多いから、国からあれこれ指示されるのを好まないのはわかります。そのため日本では、学校で使われる教科書は、教科書専門の出版社がつくるという図式になっています。

教科書はすでに電子化されつつあり、教材としてのタブレットも、教育現場での普及が急激に進んでいます。このような動きが、単にグローバルな標準の流れに乗ってしまうのではなく、それに対する日本語文化の力として結集していくことこそが必要となってきます。私たちの言語が子々孫々に受け継がれるためには、デジタル教科書が日本語文化の伝承に大きな役割をはたすことになるでしょう。

4　サイバーセキュリティの三つの空間

攻撃相手が特定できない時代のセキュリティ

サイバーセキュリティも、国の政策が大きな役割を果たす分野です。

ロシアがアメリカの大統領選挙に介入してトランプ政権誕生に一役買ったとか、中国系のアプリにバックドアがしかけられていて、本人も知らないうちに個人データが中国に送られていたといった疑惑が次々と報じられて、サイバーセキュリティへの関心が高まっています。

しかし、こうした疑惑の真偽を確定することはむずかしい。昔ながらの戦争のルールには、軍服を着ていない相手は殺さない、市民には手を出さないという原則がありました。ところが、サイバー攻撃をしかけてきた相手を仮に特定できたとしても、それがTシャツに短パン姿のふつうの若者だったら、その人個人の意志による活動なのか、それとも国の指示による攻撃なのか、見分けることは困難です。

アメリカのインフラが、ある国の国内からサイバー攻撃を受けたとして、国ぐるみによる攻撃なのか、それとも反米感情を抱いた個人が自ら率先して攻撃をしかけたのか。戦っている相手が軍隊とは限らないとすれば、そのような相手に対して、何をどこまですることが許されるのか。新たなルール整備が求められています。

社会のデジタル化が進むにつれて関係する行政部門は多様化していますので、サイバーセキュリティに関して足並みをそろえるというのは困難な課題です。現に、アメリカやヨーロッパをはじめ、世界各国でも、同様の課題を抱えています。しかし、グローバルパンデミックにおける医療機関への攻撃、ウクライナ侵攻、イスラエルとパレスチナの抗争などを通じて、サイバーセキュリティが多様な専門分野にかかわるという事実は、広く知られるようになりました。環境整備の機が熟してきたと言えます。

国内空間、国際空間、グローバル空間

国が果たすべきセキュリティの役割は、国と国土、そして国民を守ることです。インターネット上の空間はサイバー空間と呼ばれます。サイバー空間のサービスは次々と発展し、その恩恵は国境を越えてグローバルに広がります。しかし、よいサービスは、かならず、「アブユース(濫用、悪用)」するものが現れます。つまり、サイバー空間におけるアブユースに対応する

ことが、サイバーセキュリティの役割となるのです。

ここにはふたつの課題があります。ひとつは、インターネット上で起こる新しいサービスの濫用や悪用は、今までの犯罪の定義などが簡単にあてはめられない場合があるということです。もうひとつは、濫用と悪用がインターネット空間のどこで、どのように発生するかは予想がむずかしく、発生した後に事態の詳細や容疑者を特定することすらむずかしいという性質です。

そこで私は、サイバー空間のセキュリティを、三つの空間に分けて考えることが重要だと考えています。

ひとつめは、国の空間です。国の空間には、その安全を守り犯罪を取り締まる組織と法がありますから、インターネット空間を利用した犯罪の場合にも、これまでのリアル空間と同様に調査や取り締まりができます。サイバー空間を利用した犯罪、たとえば詐欺やねずみ講などの違法な取引をおこなったり、著作権法に違反したデジタル著作物を配布したり、ネット上で誰かを誹謗中傷したりといった犯罪に対しては、警察が動き、日本の法律で裁かれねばなりません。

たとえインターネット上の犯罪だとしても、日本国内で起きたなら、外国の法律ではなく、日本の法律で裁く必要があるし、外国で起きたら、その国の法律で裁かなければいけません。国境をまたいだ犯罪ということになれば、インターポール（国際刑事警察機構）や、各国の警察機構の横の連携を通じて犯人を引き渡したり、外国に籍のある企業はその国の法律で罰してもらったりすることになります。

これが、各国警察の対策と、各国の警察機構間の連携体制をつくるという意味で、国の空間に求められるサイバーセキュリティです。

ふたつめは、国際空間です。国と国の約束、国と国の対立、国と国の調整をするのが、国際空間です。日本でいえば主に対応するのは外務省と防衛省でしょう。サイバーディフェンスです。これは国防、つまりミリタリーの領域になります。

たとえば、ある国のインフラにサイバー攻撃をしかけて機能不全に陥らせたり、防衛システムにハッキングをかけてミサイルを発射できないようにしたりといった、国家レベルのサイバーセキュリティに関わる領域は、警察機構の手に余ります。国と国の対立から生まれたやりとりですから、サイバー犯罪ではなく、サイバー戦争と呼ぶほうがふさわしいものです。

三つめが、どこか特定の国がターゲットにされたわけではなく、グローバルなサイバー空間の中で誰かがいたずらをしたり悪事を働いたりするような性質のものです。これが広い意味でのサイバーセキュリティということになります。国に依存しないで起きるセキュリティ上の脅威に対して、各国が力を合わせて調整していく必要があります。

つまり、ひと口にサイバーセキュリティと言っても、その対象が国内空間なのか、国際空間なのか、グローバル空間なのかで、対処のしかたが変わるわけです。国内のサイバー犯罪に対しては警察が、国際空間のサイバーディフェンスは防衛省と外務省が担当します。では、グローバル空間の担当は誰なのか。担当すべき役所が、そもそもありません。地球省やグローバル省のような役所がないからです。

グローバルな課題に対応するために

インターネットを悪用する相手に対しては、誰がどういう責任をもって取り組むかが、必ずしも明確ではなく、対応がむずかしい。ぽっかり空いた穴にはまってしまって、下手をすると、誰も何もしないということになりかねません。

だから、社会全体として、グローバル空間の問題に対処する仕組みが必要なのです。

たとえば、インターネット上で知的財産権を侵す事態が発生すれば、それは犯罪――国ごとに定められた法律に違反した状態――なので、警察の守備範囲です。警察がその犯罪に対してどういう取り締まりをしていくかを決めています。これは国内の法律に則って犯罪が定義されていて、それに対処する役所として警察庁があり、そのための法律もある。

あるいは、自衛隊は日本の国土を守るのが使命ですから、国と国との対立が原因で、あるいは国の意志としてサイバー攻撃が起こってくるとすれば、それは防衛省が国防の一環として対処すべき事態です。また、国際関係の調整が必要であれば、外務省が中心となって交渉を進め、場合によっては別のイシュー、たとえば貿易であるとか、コロナによる入国規制などをからめて、総合的な交渉の中で解決していきます。これが国と国との関係で、サイバーディフェンスの空間のロジックです。そして、この問題にも、防衛省や外務省という組織が責任を果たすようになっています。

ところが、グローバルなサイバー空間の中で起こる問題に対しては、直接的に責任を果たす組織が見当たりません。日本の場合、そのような事態に対応すべく、まず二〇〇〇年には、内閣官房情報セキュリティ対策推進室が設置され、二〇〇五年には内閣官房情報セキュリティセンターに改組されました。また、二〇〇一年に設置されたIT戦略本部(のちにIT総合戦略本部と名称変更)の中にできた情報セキュリティ政策会議もまた、同様の役割を果たしてきました。そして二〇一五年にサイバーセキュリティ基本法があらたに施行されたことに伴い、内閣官房情報セキュリティセンターは強化され、内閣サイバーセキュリティセンター(NISC)となりました。

ランサムウェア攻撃

二〇二三年には、名古屋港のコンテナターミナル内のシステムがランサムウェア攻撃を受け、コンテナ搬入作業が丸一日ストップしました。名古屋港はトヨタのお膝元で、貨物量で日本一を誇る港です。その港のすべてが止まってしまい、丸一日閉鎖されたのです。

港湾には、トラック業界や船舶業界、港湾労働者など、ステイクホルダーが多い。だからこそ名古屋港はデジタル化の成功事例と目されていました。

ランサムウェアというのは、ターゲットのシステムに侵入して、暗号化処理をおこない、システムを使えなくしてしまいます。そのうえで、暗号を解いてもらいたかったら身代金を払え、という要求が届く。相手が困るところを狙い撃ちしてきますので、身代金を払ってでも暗号化を解除したいと考える可能性が高くなってしまいます。しかもその身代金はビットコインのような、足のつきにくい暗号資産で支払うことになります。

純粋な破壊目的のランサムウェアが見つかる

ところで、身代金目的のランサムウェアには、解除のための「鍵」が入っています。お金を受け取ったら、即座に解除できないと、次からは身代金を払ってもらえなくなるので、すぐに解けるようになっているわけです。

ところが、ウクライナにしかけられたランサムウェアの中には、その鍵が入っていないものが見つかっています。つまり、金目当てではなく、最初から電力システムを破壊することが目的なのです。鍵がないから、暗号は絶対に解けないし、解けないまま機能停止してしまえば、それは破壊と同じです。身代金は回収できないが、ターゲットのシステムを破壊できる。戦時下では、そのようなサイバー攻撃も現に起きています。

逆にいうと、通常のランサムウェアは、身代金を払いさえすれば、すぐに復旧します。そのため、とにかくお金を払ったほうが手っ取り早いと考える人が一定数います。そのことが、ランサムウェア対策をむずかしくしているのです。

日本企業も、実際には払わざるを得ない場合もあるでしょう。払うとすぐに復旧するという話が広まれば、誰にも言わずに払ってすませてしまう人が後を絶ちません。そうすると、アタックを受けてもその動きを追跡できないから、防御体制としては困ったことになります。ところが、自社システムが攻撃を受けたということが公になると、信用問題につながることを懸念する企業が多い。だから、なかなか情報の共有と対策がむずかしいという問題があります。

ランサムウェア攻撃の多くの場合、犯人の背景も国籍も不明です。したがって、ランサムウェアによる被害額と身代金の金額のバランスは計算しにくく、被害者はとてもむずかしい判断を迫られることになります。それに加えて、ＳＮＳなどでの犯罪者に金を払うなというような、炎上による事業リスクもあります。これらに対応するためには、信頼できるエキスパートが集まって、被害者の相談にのり、少しでも被害の少ない対応ができるように、産官学の力を合わせられる組織の構築が必要です。世界でも、そして、日本でも高度なサイバーセキュリティの専門家集団の健全な組織化が進められているのは、このような事情によるものです。

このような組織によるすばやい情報共有が信用問題に発展することのないように、安心できるシステムをつくるためには、情報のクラシフィケーションと守秘義務に基づいてかかわる人のデータのアクセス資格と責任を定めるする、「セキュリティクリアランス」の体制づくりが必要となります。

また、社会にサイバーセキュリティへの耐性をもたせるためには、損害保険制度が必要となります。高度なサイバーアタックは統計的な予測がむずかしいので、保険適用が困難とされてきました。しかし、サイバーセキュリティの必要性がひろく認識されるようになった今、大きな視点での保険システムをつくることが求められています。

グローバル課題に特化した「地球省」の創設を

ＮＩＳＣは、各省庁から専門性の高い人材を集めて横に連携させて、サイバーセキュリティに関連する活動を続けています。しかし、各省庁からの出向メンバーで構成される組織の常で、国としての指揮命令系統が、法やルールに裏付けられたマネジメントとして、機動的に動けないという課題があります。

サイバー空間における安全はどこが責任をとり、どのような指揮系統が必要なのか。この体制が整備されている国は多くありません。たとえば、私は二〇一六年にNATO本部でおこなわれた、NATO加盟国(日本は違いますが)におけるサイバーセキュリティに関する教材を制作するための会議に参加したことがあります。そこでは、各国におけるミリタリー対応の確立と、他の組織との連携の構造について、議論が交わされていました。

たとえば、日本でサイバーセキュリティに関する深刻なインフラリスク案件が発生した場合、警察の守備範囲であり、かつ、自衛隊の守備範囲にもなります。また、インフラのサイバーセキュリティを担当する内閣サイバーセキュリティセンターの守備範囲でもあります。あるいはもっと大きな世界的な現象の一部なのだとしたら、国際プロトコルを担う外務省や防衛省や警察庁の国際ネットワークの守備範囲にもなるでしょう。

このように、それぞれの組織が、グローバルなサイバー空間で重なりあいながら動くことになるのです。こういうときに、それぞれ役割分担を決めて機動的に動けるかというと、意思決定やマネジメントはそううまくいかないという実態があります。

地球全体、人類全体の課題に対して、国家という枠組みを超えたところで考える部署が各省庁にあってもよいのではないか。環境省には気候変動対策と脱炭素というグローバルな課題を扱う「地球環境局」があります。それと同じような「地球局」が、文部科学省や農林水産省や経済産業省にもあってよいと、私はかねてより思っていました。

さらに、各省庁の「地球局」を束ねて、グローバルな課題に特化した「地球省」ができれば、地球全体のサイバーセキュリティ問題に対処するのにふさわしい組織となるはずです。

そのためにこそ、国内、国際、グローバルという三つのサイバー空間において、どこがどのような役割を果たすのかという構造を、国の中にしっかりつくっておくことが重要です。そのこと自体が国防にも資するはずですし、国内での犯罪防止にも役立ちます。

5　デジタル庁の発足と日本のＤＸ

「誰一人置いてけぼりをつくらないデジタル社会」

二〇一九年、そろそろ国のＩＴ戦略を見直そうという気運が高まって、与党を中心に会議がはじまります。私もこの議論に参加し、ワーキンググループの座長も務めました。

その会議の実質的なトップが、のちに初代デジタル大臣になった平井卓也さんです。事務局長だったのが、二代目のデジタル大臣になった牧島かれんさん。それをサポートしていたのが小林史明さん（二代目のデジタル副大臣）でした。そこで議論したことが、さまざまな霞が関の役人の検討を経て、デジタル社会形成基本法となりました。そして、基本法に基づき、新しくデジタル庁がつくられました。

政治家は政治主導で進めたがり、役人だけに決めさせるのはダメだと考えています。一方、霞が関の各省庁にもそれぞれのかかわり方があります。それに対して私は、ワーキンググループの座長として、民間のメンバーだけでかなりのところまで草案をつくりこんで、その後に役人にも見せるという手順を踏みました。朝七時に会議を開催し、霞が関の役人の参加は何度頼まれてもお断りしました。今思い出しても、かなり強引なやり方です。政治家たちが何を考えているかも長年議論していましたし、役人たちにもデジタル庁の必要性を認識してもらえていたからこそできた芸当だと思っています。

私が第一に考えたことは、「デジタルなんて自分は関係ない」という人が、置き去りにされてはいけない、ということでした。そして、「誰一人置いてけぼりをつくらないデジタル社会」という言葉を、提案の最初にもってきました。「誰一人置いてけぼりをつくらない」ということですから、実は「自分は関係ない」という言い訳も認められません。デジタル否定派の存在を許さない文言を先頭にもってきて、そこからはじめましょう、と呼びかけたのです。

当然、合理性の権化である霞が関の役人からは、そんなのは無理だという意見もありました。全員が同じようにパソコンやスマートフォンを使える社会なんてつくれないのだから、無理なことを言うのはやめましょう、というわけです。でも、そんなことはありません。パソコンなんか使えなくても、デジタル技術の恩恵が受けられるのが真のデジタル社会です。

たとえば、銀行のモバイルアプリが使えなくても、スマートスピーカーで同じことができればいいわけです。スピーカーに向かって「預金残高はいくら？」「○○に××円振り込んで」と言えば、残高照会や銀行振り込みを実行してくれる。安全におこなえるなら、別にスマートフォンのアプリである必要はありません。「誰一人置いてけぼりをつくらない」「誰も困らない」社会をつくればよいのであって、もしそれでもダメだというなら、人間が手伝ってあげればよいのです。そちらにコストを回せば解決します。

ヒントは、コロナワクチンの予約の現場にありました。オンライン予約と電話での予約の両方を用意した自治体もありましたが、電話をやめて全部オンライン予約にした自治体もありました。そんなの無理だろうと考える人も多いかもしれませんが、電話予約をなくして、浮いた分の人員を総動員して、人海戦術でタブレットの使い方を直接教えた地方自治体がありました。

操作のしかたがわからないという人にはつきっきりで、「お名前は？」「住所は？」「身分証明書はある？」と一つひとつ聞いてあげる。「いつならワクチン接種にいけるの？」と聞いて、「○月○日の午後ならいけるよ」という答えが返ってきたら、その時間に予約を入れてあげればよいのです。結局、ここまでしたことにより利用者の満足度は高くなりました。

社会がデジタル化されても、みんなで助け合って、きちんと手当てしてあげれば、誰も困らない状態をつくることはできるのです。電子投票でも同じことです。先にシステムをつくってしまって、困っている人がいたらお助け隊がかけつける形にすれば、デジタル化は実現できるのです。最初は人手がかかるかもしれないけれど、何度かくり返していくうちに、そうしたコストは軽減していきます。

IT政策がうまくいかなかった理由

そのような思いがあったから、私は「誰一人置いてけぼりをつくらない」という言葉を先頭にもってきていたわけですが、デジタル庁ができた後にはじめて足を運んだとき、私はそこに貼ってあったポスターを見て驚きました。デジタル庁のモットーとして、「誰一人取り残さないデジタル社会」とデカデカと書いてあるのです。

私は「これ、間違っているから」「自分はこんなことを言った覚えはない」「お願いだから直してくれ」と強く申し入れました。「取り残さない」というのは、提供者側の視点です。ポスターはすでに印刷済みで直せないというなら、せめて「さ」と「な」のあいだに「れ」を入れて、「誰一人取り残さ[れ]ない」にしてほしい。それなら国民目線だから許容範囲です。そう強くお願いして、「れ」を入れてもらったという経緯がありました。だから、いまでもデジタル庁に行くと、「れ」が漫画の吹き出しのように追加されたポスターが貼ってあります。

なぜ、そんな文言にこだわったかというと、そこが一番重要だからです。ここが従来の「IT戦略」と、デジタル社会政策の最大の違いなのです。

IT戦略は「ITで経済を活性化させよう」「よりよい社会をつくろう」が目標でした。でもデジタル社会政策は「すべての人が恩恵を受けられるデジタル社会をつくろう」というところがポイントです。それを体現するのが、「誰一人取り残さ[れ]ないデジタル社会」という言葉なのです。

デジタル社会の司令塔

もうひとつ、私が強く主張していたことがあります。それは、デジタル庁を「五〇センチ高いところから他の役所にメッセージを伝えられる役所にしてくれ」ということでした。行政のデジタル化を推進していくには、ほかの役所が目標を理解して、提案を聞いてくれる体制になっていないといけないからです。アメリカのDHS(国土安全保障省)の立ち上げを見ていて、そのような体制の必要性を痛感していました。しかし、この主張は評判が悪かったので、今では「デジタル社会の司令塔」という表現が使われています。

最初は、新しく役所をつくる予定はなかったのです。役所は、内閣IT総合戦略本部の改組で逃げ切ろうとしていました。ほかから独立した役所を新設して、人を雇い、民間からも人を入れ、予算をつけて、ほかの役所がもっているシステムを束ねて、少なくとも国のデータとコンピュータまわりは自前でやる。そのような役所にしようという発想は、既存の役所には受け入れがたかったと思います。それでも、議論の結果デジタル庁ができました。

ただ、世界と比べても、日本の規模からいっても、デジタル庁は本来、少なくとも数千人規模が必要な役所です。しかし、現実には三〇〇人からのスタートでした。理想にたどり着くまでは時間がかかります。

ボトルネックは中央と地方のシステムの連携

デジタル社会の司令塔たるデジタル庁が発足したわけですが、日本の場合、とくに問題となるのが地方のシステムです。地方自治の理念を踏まえて、自治体ごとに情報システムがバラバラに発展していました。それを助けるためにSIer(エスアイアー)といわれるシステムインテグレーター、つまり、IT関連を丸ごと引き受ける企業に、各自治体が、個別に丸投げしている傾向がありました。

これには、よいこともありました。役所にITのことがわかる人がいなくても、IT化が早く進むからです。しかし、悪いこともありました。役所にはITのことがわかる人がいないので、企業側はよく話を聞いて、その役所の仕事にカスタマイズしたシステムを納品するのですが、このときライバルに仕事を奪われないように自社の独自サービスに誘導することができたからです。これを専門用語では、「ベンダーロックイン」といいます。つまり、日本の至る所で、ベンダーロックインにより身動きのできないシステムの山が築かれたのです。

デジタル庁ができたからといって、ここに手を入れて横串を通し、全国共通のシステムにするのは至難の業（わざ）です。日本のデジタル化のボトルネックはここにありました。この問題はかねてより指摘されてきましたが、案の定、COVID-19のデータがちっとも集計できないなどの事件が発生し、徐々に問題が露わになってきました。

コロナ禍に、行政のデジタル化は待ったなしだと感じた人は多かったはずです。それが、デジタル庁が動き出す直前でした。

民間と行政を行き来する「回転ドア」

デジタル庁をつくるとき、もうひとつ意識したのは、民間の力が役所で活躍できる環境にしようという点でした。

なぜなら、霞が関では、技術がわかる人を採用していなかったからです。世界と比べても、日本の役人は優秀です。しかし、科学と技術を勉強しなくても出世できるのが、霞が関の役人のキャリアパスです。これは世界の中でもとても特別なことだと感じています。また、霞が関の役人は、二年で異動する。プロジェクト予算が取れさえすれば評価される。しかしその後のプロセスは審査されない。このような体制ではモチベーションもインセンティブも働きません。

これに対して、科学や技術のことを理解している人は民間にいるので、その人たちを採用しようというのが、私の切り札でした。なんとかお互いに刺激しあう環境にしたいと考えたわけです。

アメリカがすごいのは、リボルビングドア(回転ドア)といって、民間と公共部門を行ったり来たりする人がたくさんいることです。ホワイトハウスでも、「ついこのあいだまでグーグルにいたよね?」という人を見かけます。「どうして? 給料下がらないの?」と聞くと、「下がるに決まってるだろ。一〇分の一だよ」という答えが返ってくる。ならば、なぜ公共部門に来るのかと聞くと、「やっぱり、おもしろいから」という答えが返ってきます。

国を動かす醍醐味は何物にも代えがたいし、そこでしか味わえない。しかし、それだけではありません。政府関係でひと仕事してから民間へ戻ると、経験値が上っているから、給料が跳ね上がるのです。だから、民間でひと稼ぎしたら、また国に行って、責任ある仕事をこなす。その間、給料は下がっても、それは次のステップアップのための投資期間という位置づけなのです。そして、また民間へ戻るときには、ワンランク上のポジションと給料が待っているわけです。

そのような仕組みができているから、自己投資休暇のような位置づけで、パブリックサーヴァント（公務員）になるのです。このリボルビングドアが、アメリカの人材のクオリティと流動性の高さの要因となっています。

デジタル庁はいま、三、四割が民間人です。アメリカ式の回転ドアに近いことが起きはじめています。勤務地も霞が関ではなく、赤坂プリンスホテルの跡地にある東京ガーデンテラス紀尾井町です。ヤフーと同じビルに入っています。

民間に開かれたデジタル庁の風通しのよさが、ほかの役所にも広がっていくことを期待しています。

第5章

国際政治におけるインターネット

1　インターネットと地理学

インターネットに地理的な制約はない？

歴史的に見れば、数学・天文学・物理学といった自然科学分野から出てきた人間の知恵が、人間の身の回りを支える道具や技術を発達させ、それを前提とした社会ができます。そうした特徴ある社会には人間を尊重する哲学や宗教が存在し、それを結果として文明と呼んでいることが多いようです。

数学をベースにしたコンピュータ、あるいはシリコンと物理学の知恵を使ってつくられるコンピュータそのもの、さらにそれを使って計算をおこないデジタル情報を扱うこと。これらこそ、人類が新たに手にした文明の道具であり、それによってデジタル社会ができたと言っても過言ではありません。そして、デジタル社会が地球全体を覆うきっかけをつくったのがインターネットです。その意味で、インターネット文明というのは、今までの文明論の流れにきちんと即したものと言ってよさそうです。

第1章でも述べたとおり、インターネット文明が過去の文明と大きく異なるのは、インターネットやデジタル技術を地理的に、時空間的に分け隔てなく使えることです。そして必然的に、インターネット文明は地球全体をひとつの文明圏とします。これまでの文明は、地理的・物理的な制約を伴いながら発展してきたので、別の文明との衝突は避けられませんでした。しかし、最初から地理的な境界をもたないインターネット文明には、そうした制約がほとんどないものとされてきたのです。

ところが、インターネットが世の中に浸透していくにしたがって、いくつかの点で、地理上の位置や物理的な距離が大きな意味をもつことがわかってきました。

地球の経度とタイムゾーン

ひとつは、地球の経度です。標準時とは一五度きざみの経度に従って決められている時刻の標準化です。

かつて、グリニッジ天文台を標準時として定められていましたが、今では原子時計と天体観測によって定められた世界協定時、UTC(Universal Time Coordinated)として、利用しています。日本は経度一三五度付近に位置していますので、基準地であるグリニッジから九時間分はやく時刻が訪れます。国際的な取り決めであるISO8601によって定められたタイムゾーンの表記方法を用いて、「+9」と表現し、「UTC+9」タイムゾーンで時計を調整して生活をしているわけです。

国土が小さい日本も、広い経度にまたがる国土をもつ中国もタイムゾーンはひとつですが、複数のタイムゾーンをもつ国もあります。一時間ではなく三〇分や一五分刻みのタイムゾーンをもつ国もあります。タイムゾーンは、各国がさまざまな歴史的・政治的・文化的な理由で定めているのです。

地球の時刻は、日付変更線によって調整されています。日付変更線は、ほぼ経度一八〇度線に沿う形で、太平洋の真ん中あたりに定められました。一八八四年のことです。日付変更線を東から西にわたると日付を一日進め、西から東にわたると一日戻すというルールです。つまり、一日は日付変更線上にある地点から始まることになります。およそ一時間後にオーストラリアなどオセアニアの国が、三時間後には日本が朝を迎えます。地球の自転に従っているので、南北に同じ経度にある地域が、その日の朝や夜を共有することになります。

インターネットの空間はタイムゾーンを超越しているから時差など考えなくてよい、と思われていました。しかし、インターネット上のアプリケーションが、電子メールや電子掲示板からリアルタイムのコミュニケーションに変わってくると、時差という課題が大きくなります。

たとえば学校で、日本の子どもたちとアメリカの子どもたちを遠隔でつなげようとしたとき、最初はビデオレターのやりとりから始まったとしても、やがてリアルタイムで会話をしてみたいというニーズが出てきます。すると、とたんに時差が問題になります。日本の子どもたちは早朝に、アメリカの子どもたちは夕方から夜にかけて、学校に集まらなければ、リアルタイムのやりとりはできないからです。

タイムゾーンを日常的に意識していた大学人や国際ビジネスパーソンのみならず、すべての人が痛感したのは、COVID-19によるパンデミックがきっかけでした。世界中で人の移動が止まり、出社できない人が続出したため、あらゆる企業部門の間や、世界に散らばっている家族との間でオンライン会議が始まったのです。

しかし、世界のあちこちに散らばった人たちが全員起きている時間は、昼と夜を尊重する生活をしている限り存在しません。日本の夜一〇時ごろは、カリフォルニアが朝五時ごろ、ニューヨークが朝八時ごろ、ヨーロッパは午後一時ごろになります。たとえば、日本人は夕食時のお酒を控え、夜一〇時の会議に出ることになるでしょう。アメリカ人は逆に、早寝をして朝の会議に備えるでしょう。このような気遣いや知恵が、インターネット上で定着していきました。

リアルタイムに近づくほど時差が問題になる

このような、「三方一両損」は、インターネット上でリアルタイムにつながることの最大の恩恵ともされてきました。

たとえば、ビジネスのオペレーションをアウトソーシングしようというとき、真っ先にあげられるのがコールセンターです。いまや通話はインターネット上のサービスです。つまり、インターネットにつながってさえいれば、コールセンター自体はどこにあってもよいのです。

アメリカでコールセンター業務が最初に国外に外注された際、そのコールセンターは、英語が話せて人件費が安いという理由でインドにつくられました。アメリカから見ればちょうど地球の裏側ですから、時差の問題は完全に無視されています。同じように人件費が安く国民の大半が英語ネイティブの南アフリカ共和国にも、多くのコールセンターが外注されました。

しかし、こうした時差ビジネスは、仕事を発注する側と受注する側に、経済的な格差があることが前提です。慢性的な雇用不足があるからこそ、真夜中でも働きたいという人を大量に、安く雇えるのです。ところが、受注する側の国の経済が発展し、人件費が少しずつ上がってくると、ふつうの人なら寝ている時間に働くことを強いられるという、時差ビジネスの負の側面が目立つようになります。夜中に働かせるなら、もっと給料を上げてくれ、というわけです。

二四時間サービスを提供しようとするとき、それぞれ八時間ほどの時差がある世界の三つの拠点にサービスセンターを設置すれば、昼と夜という労働環境を考慮したシームレスオペレーションが可能になるそうです。しかし、このようなことができるのは、グローバルにサービスを展開する大企業だけでしょう。

ヨコ(東西)のつながり、タテ(南北)のつながり

ヨコ(東西、つまり経度)の距離は時差を生みますが、タテ(南北、つまり緯度)の距離はそうではありません。つまり、東アジアや東南アジア、オーストラリアあたりは日本とほとんど時差がなく、リアルタイムサービスを共有することができるのです。

日本でも、日本語を話せる外国人を使ったコールセンターが、中国や台湾、ベトナム、フィリピンなどに広がっています。日本語が話せなくても、日本国内に在住するフィリピン人向けのコールセンターなら、フィリピンにつくればよいわけです。これらの国は日本とほとんど時差がありません。したがって、人件費高騰の影響を受けにくい。

ちなみに、タテ(南北)の距離を利用して発展してきたのは、インターネットサービスだけではありません。四季が逆のオーストラリアやニュージーランドとの農作物の連携では、そばの栽培が有名です。年に一度だった「新そば」の提供が、年に二度になったのはこのためです。北海道におけるオーストラリアワイナリの展開も同様です。

このようなケースは日本とアジアだけではありません。ヨーロッパとアフリカ、北アメリカと南米諸国などがそうです。南半球の諸国の急激な経済発展や健康・医療の課題も、タテ(南北)のリアルタイムサービスの共有によって、これから加速すると考えています。

同じことは、大学の授業を共有するときにも当てはまります。私は、時差が前後四時間くら

いまでなら、それほどストレスなく、リアルタイムでオンライン授業を共有できると思っています。前後五時間まで拡大すると、西は中東、東はハワイまでが守備範囲になります。日本の朝に授業をやれば、ハワイでは午後に受講できるし、日本の午後に授業をやれば、インドでは午前中、中東なら朝に同時に受講できます。

陸上のケーブルは通過国のコントロールを受ける

もうひとつ、インターネットと地理との関係で問題になるのは、陸か海かということです。インターネットには、陸を這う光ファイバーケーブル、海底を這う光ファイバーケーブル、空を飛ぶ衛星通信という三つの経路があり、それぞれ多かれ少なかれ、地理的な影響を受けています。

たとえば、日本からヨーロッパへの最短距離の線を引くと、ユーラシア大陸を横断する必要がありますが、そこには広大な中国やロシアが横たわっています。シベリアには当初、光ファイバーがありませんでしたが、ついにロシアがシベリア鉄道とシベリアの電線沿いに光ファイバーを引いて、日本海側まで延びてきました。そこから海底ケーブルをつないで、日本のＮＴＴコミュニケーションズとＫＤＤＩが接続することで、ロシア経由のヨーロッパ線というのができました。

それまでは、日本から太平洋を越えてまずアメリカへ行き、アメリカ大陸のケーブルを通って大西洋へ抜け、さらに大西洋の海底ケーブル経由でヨーロッパに至るというルートと、日本から海底ケーブルでシンガポールの先端を回り、インド洋からインドに入り、インドからヨーロッパにつながる南回りのルートという、ふたつしかありませんでした。南回りルートはかなり遠回りなので、ヨーロッパとの通信はアメリカ経由で行くのがふつうだったわけですが、それでも遠回りなのは変わりありません。

したがって、ロシア越しのルートができたことで、距離の面で状況が改善されました。インターネットのデータは、電線でも光ファイバーでも、ほぼ光の速度で移動します。つまり、地球を一回りするのに、少なくとも約〇・一三秒の遅延があるということです。これに加えて、深い海底は長い距離となりますし、途中の中継装置での遅延を加えて、約〇・二秒程度の時間は少なくともかかるわけです。それでも地球の表面での距離を考えれば、日欧を距離で結ぶと、半分以上は遅延を縮められることになりました。

日本がユーラシア大陸の東の端、太平洋の西の端にある島国であるという地理的な条件が大きな問題になっていたのは、とくにこのヨーロッパとの接続でした。ロシアを経由することで、その問題はクリアできたかに見えたのですが、別の問題が出てきます。

海底ケーブルとは違って、陸上を通るケーブルは、通過する国のコントロールを受けます。

日本はアメリカの同盟国ですから、アメリカ大陸を横断するケーブルを使っている分には問題にならなかったわけですが、相手がロシアとなると、そうもいきません。

ロシア経由で最短距離のヨーロッパ線ができ、北海道で陸揚げされるＮＴＴのケーブルも、新潟の直江津で陸揚げされるＫＤＤＩのケーブルも、どちらもヨーロッパとの距離は近くなりました。ところが、料金が高かったり、途中で切れたり、ロシアとの調整が入ったりする。つまり、ロシアで何か重大な事象が発生したときは、そちらを優先されてしまうので使えなくなる。ケーブルが切断するなどの事故があったときは、先方が修理してくれるまで使えません。経由国の都合に左右されてしまうのです。

その意味では、国によるコントロールを受けにくい海底ケーブルが、いちばん安定しているということになります。

北極海に海底ケーブルを通す

その海底ケーブルに関して、インターネット関係者が長年ひそかに夢見てきた海域があります。北極海です。「北極に氷がなければ北回りで海底ケーブルを張れるのに」という、環境保護の観点からは大きな声で言えないような夢です。

いわば、ずっとないものねだりをしてきたわけですが、なんと、二〇〇四年ごろから、地球温暖化の影響で北極の氷が融け始めてしまったのです。

当初は「船の航路ができるまでは融けないだろう」「ふたたび氷が張るのではないか」などといわれていましたが、氷は融け続け、航路ができ、定期観光船が通るようになりました。もちろん、それ自体は憂慮すべきことです。しかし、航路ができたなら、あとは光ファイバーを敷設する船を回せばよいだけとなり、北極海を横断する海底ケーブルへの投資計画が始まります。

カナダの北極海岸にはイヌイットの集落が点在していますが、彼らはインターネットを利用できる環境がありませんでした。ところが、北極海のカナダ沿岸を通って、ロンドンと日本を結ぶようなケーブルができれば、沿岸部に暮らすイヌイットのデジタルデバイド（情報格差）が解消されます。そのようなプロジェクトが、「アークティックファイバー」というカナダのベンチャーによって提案されました。

通常、地上に電線や光ファイバーを敷設できない地域や、ビジネスが展開できない過疎地域では、通信衛星を利用したインターネットが利用されます。にもかかわらず、なぜカナダの北極海沿岸地帯では、インターネットが利用できなかったのでしょうか。

通信衛星や放送衛星として活躍しているのは、赤道上空の軌道上にある静止衛星です。地球を取り囲むリングの上に、いくつもの衛星が並んでいる姿を想像してみてください。地球の自転周期と同じ周期で回っているため、地球からは静止しているように見えます。

その通信衛星を使って通信するわけですから、赤道に対しては真上から電波が届きます。日本くらいの緯度なら、ほどよく斜めから入ってくるわけですが、北極に対しては、南の地平線から電波が飛んでくることになります。地平線から電波が飛んでくるということは、空気の層を長く通過してくることになるので、電波が衰弱します。衰弱しきって届くか届かないか……というのが、北極海沿岸での静止衛星からの電波の状態です。その結果、カナダの北極海沿岸の過疎地域のインターネットは、「時々つながり、時々動き、ザーザーとなって切れる」といったものでした。つまり、緯度が高い北極や南極は、静止衛星との位置関係で地理的な制約を受けるのが当然だったのです。

アークティックファイバーによるプロジェクトは、カナダ沿岸に接続した最初の北極海海底ケーブルとなりました。しかし、このケーブルは日本やアメリカ、ヨーロッパまで接続するには至りませんでした。残念ながら、太平洋からアメリカ大陸を越え、大西洋へと至る既存の経路と比べると、投資対象として魅力が薄かったのでしょう。カナダ・アラスカ部分は完成しましたが、それ以上には展開しませんでした。

カナダ政府においてこのプロジェクトを支えたのは、デジタルデバイドの解消のための予算に加えて、地政学、つまり当該諸国の安全保障という観点でした。

2　インターネットと地政学

通信インフラとミリタリーの関係

北極海は、氷が融けるとかなり緊張したバトルフィールドになりえます。北極海をはさんで一方にアメリカとカナダ、対岸にはロシアがあります。さらに、今回のウクライナ侵攻で急速な変化を遂げた、北欧とNATO、そしてロシアとの関係があります。つまり、北極海は地政学的に緊張の海となっているのです。

海底ケーブルの敷設は、民間のビジネスとしておこなわれるのが普通です。公海を通るので、本来それで問題ないのです。海底ケーブルはその構造上通信は完全に独立して同一ケーブル上に共存できますから、ミリタリー関係もその民間の回線を利用することが普通です。あくまで、一部の帯域を独立回線で利用するお客さんにすぎないわけです。

その意味で、国が光ファイバーを直接敷設するということは、あまりないのです。軍事利用の海底ケーブルを国が敷くといっても、それをつなげる先はどこなのか。よほど仲のよい国か、実質的に支配している国が相手でなければ、接続に応じる国があるとは思えません。実際、民間のケーブルをどのように借りて使うかというのが、ケーブル敷設にまつわる国家の主な関心事になっています。

カナダ政府が投資するのは、イヌイットのデジタルデバイド解消が目的のひとつでしたが、光ファイバーケーブルでつなぐのは、カナダの軍事拠点でした。このようなことはケーブル敷設ではごく一般的なことです。ケーブルを敷けば、お客さんの中に軍関係者がいて、それによってビジネスが支えられる。衛星通信も同様です。通信インフラというのは、多かれ少なかれ、そのような性格をもっています。

この北極海の海底ケーブルの事例は、インターネット接続が地理学と地政学——国と国の安全保障の問題——の交わるところで、大きな問題になり得ることを示しています。

その後、北極にはカナダのケーブルに加えて、二〇一九年にCiniaというフィンランドの会社が、ロシアのMegaFonという企業と、ロシア沿岸部分の北極海を経由して日本まで伸びたケーブルを設置しようと企画しました。今度はヨーロッパと日本の新しい回線ですので、経済的な投資のインセンティブはあると思われましたが、二〇二二年、突然ロシア政府の投資制限により出資が取り消されるという事件がおこりました。直後に発表されたのは、ロシアの政府に近い企業によるロシア沿岸都市だけを接続する海底ケーブルです。

この突然のプロジェクト停止は、海底ケーブルといえども、排他的経済水域（EEZ）を通過するためには、きわめて政治的な配慮が必要だという大きなレッスンとなりました。なお、このレッスンから、日本とヨーロッパを結ぶ北極海ケーブルは、カナダ沿岸を遠回りしてベーリング海峡を通り、日本へとつなぐルートとして計画されており、まったく新しいヨーロッパへの道として利用される予定です。

海底ケーブルの技術革新

また、ここ数年で海底ケーブルの世界でも技術革新がありました。ケーブルを分岐させておくことで、光の波長によって、ある地点で流れてきたデータを降ろしたり、降ろさなかったりするオペレーションができるようになりました。これをＲＯＡＤＭ（ローダム）（Reconfigurable Optical Add/Drop Multiplexer）と言います。そのおかげで、日本を取り囲む海底ケーブルの自由度が飛躍的に増しました。

たとえば、北極海からきたデータを苫小牧で降ろして、さらに東京に送ろうと思うと、以前なら、ケーブルを一回苫小牧につないで、さらに苫小牧から東京にケーブルをつなぐ必要がありました。しかし、いまは北極海から来たケーブルを苫小牧で分岐しておいて、光波長で苫小牧に降ろしたり、東京に送ったりすることができるようになりました。

これはとても便利です。東京への一極集中を避けるために、苫小牧でたくさん降ろして、北海道にデータセンターをつくるという話が進展しています。また、東京にきたデータを南へつないでシンガポールまで送るということもできる。逆に、シンガポールから北極海経由でヨーロッパへ行くとか、途中で東京に降りる波長もあれば、苫小牧に降りる波長も、フィリピンで途中下車する波長もあるといった具合に、かなり自由に設計・運用できるようになりました。

その結果、日本の安全保障という観点からも、東京と千葉と三重にしかつながっていなかったケーブルが切れたら危ないから、北海道や九州につないだりして、列島全体でバランスをとるということが現在進行しています。

インターネットの生命線が切断の危機に

もうひとつ、地理学と地政学の接点で、インターネット接続上の大きな問題となっているのが、日本と東南アジアをつなぐ海域で密集している海底ケーブル群です。

現在、日本周辺の光ファイバーは、アメリカから太平洋を横断して日本に着地したあと、今度は日本から南下して台湾の近海を通り、シンガポールからインド洋へと抜ける南回りルートが大動脈となっていて、その途中でフィリピンやベトナム、タイ、そして、インドネシアやオーストラリアといった東南アジアやオセアニア、さらに南太平洋の国々へとつながっています。つまり、日本はアメリカと東南アジアを結ぶハブになっていて、これらの通信がほとんど日本経由だったのです。

ところが、このインターネット接続の大動脈が危機にさらされています。日本と東南アジアを結ぶ東シナ海、南シナ海において、いろいろな意味で障害が発生しているからです。

ひとつは地震です。台湾沖は地震が多いのですが、地震があると海底ケーブルが切れやすいという問題があります。

もうひとつは、この海域の政治的な緊張が高まっていることと関係しています。光ファイバーケーブルは海底に埋まっているのですが、その海底上を通過し、そこで停泊する船が、これまで以上に増えているのです。船は停泊するときにアンカーを下ろします。このとき、アンカーはケーブルより深く海底に沈みます。そして、移動のためアンカーを引き上げるとき、ケーブルをひっかけて切ってしまうことがあるのです。

これはどの海域でもおこりうる現象ですが、東シナ海、南シナ海では、その頻度が非常に高いことが知られています。つまり、停泊する船舶の数が増えれば、それだけケーブルが切られる可能性が増えるわけです。世界のインターネットの生命線である「日本—東南アジア線」がすべからく切断の危険にさらされているのです。

「あの国がわざと切っているんじゃないの?」と主張する人もいますが、領海について係争中の海域で民間の海底ケーブルを切断するという暴挙は、めったに起こりません。海底ケーブルを切って困るのは、そのケーブルを利用している通信事業者であり、その通信事業者のサービスを直接間接に利用している利用者です。その利用者は世界中に散らばっているので、目的のための合理性がないのです（歴史的にみて、中東の近海でそのような事例がおきているのは事実ですが、政治的抗議を目的にしたテロ行為なので、犯行声明が出されています）。

一説によると、「東京—香港」間をつなぐ日本の研究用のネットワークのひとつは、年間で二〇％も使えなかったり、「東京—シンガポール」間でも平均一〇％のケーブルが切断されていたという報告がされています。インターネットトラフィックの面からも、かなりシリアスな問題になっています。

さて、海底ケーブルが切断されると、修復を専門とする船が向かい、海底からケーブルを引き上げて、船上で修復し接続します。世界にはこのような専門の船が何隻かあり、所有の事業者も各国に分散しています。連携して手薄な海域での仕事ができるよう、世界中の海に散らばっているのです。

二〇一一年の東日本大震災において切断された海底ケーブルは、二〇カ所以上に上り、その修復をおこなった修復船の数は、国内外で二〇隻以上でした。正直、こんなに集まることもできるんだ、と驚きました。ボートのような小さいものから、ケーブル敷設もできる大きな船まで、あわせても世界には一〇〇隻程度しかないと言われています。その二〇％が集結してくれたのは、歴史的な出来事でした。

それでも、海底そのものがぐちゃぐちゃで、引き上げるべきケーブルを発見するのに時間がかかったという報告も聞きました。作業は二〇一一年末までかかったそうですから、九カ月も切れたままの日米ケーブルがあったことになります。

グアムやフィリピン経由でインターネットの新たな道を拓く

高い頻度で切れるケーブルを修復するだけでは、根本的な問題解決になりません。そこで浮上してきたのが、グアムをハブとする新しいルートの開拓です。

これも、アメリカのナショナルサイエンス・ファウンデーションによる、南太平洋諸島のデジタルデバイド解消が目的のプロジェクトとして始まりました。私も最初からこのプロジェクトに関与していて、ハワイ大学と慶應義塾大学でグアムに拠点をもち、グアム大学も巻き込んで、グアムを中心にして日本とオーストラリアと東南アジア、ハワイを結ぶケーブルのトポロジー(ネットワークの配線や接続形態のこと)をつくる計画になっています。ここを基盤に、南太平洋の島々とハワイやグアムをつないでいこうとしたのです。

グアムというのは、日本から飛行機で三時間くらいの距離なので、日本にとって交通の便がよい。ところがアメリカ本土やハワイからだと、グアムは意外と不便なのです。そのためグアムで何かをやろうとすると、日本に地の利があることになります。

グアムには通信キャリアが二社あり、そのうちの一社はドコモパシフィックという一〇〇％ドコモの出資会社です。そこが「グアム―サイパン」間の海底ケーブルも敷設しています。日本と非常に親和性が高い会社があるというのも、有利な点です。

これまで東京・香港・シンガポールを拠点としてきた光ファイバーのネットワークに、新たにグアムの拠点が加わるという計画です。アメリカＲＴＩ社によるＪＧＡケーブル（the Japan-Guam-Australia Cable System）のうち、北側部分（JGA North: 日本―グアム間）は日本のＮＥＣがケーブルの敷設を担当しています。南側部分（JGA South: グアム―オーストラリア間）とあわせて、二〇二〇年には敷設が完了しています。

一方、ＲＴＩ社によるロサンゼルスからグアム、ハワイを経由してフィリピン、インドネシアまでを結ぶ「ＳＥＡ―ＵＳ」間の敷設もＮＥＣが手がけ、二〇一七年につながっています。これにより、日本はオーストラリアやグアムと最新の光ファイバーでつながっただけでなく、接続に不安が残る東シナ海、南シナ海を迂回するルートを手に入れました。

グアムを中心とした海底ケーブル網ができてきたことで、太平洋におけるトポロジーが、従来よりも東側に寄ってきました。海底ケーブルの地理学も地政学的なバイアスで様変わりしつつあります。地政学上の問題がインターネットの経路にも影響を与え始めました。

アメリカ政府の「チームテレコム」

アメリカ政府の海底ケーブルへの対応も、歴史の中で次々と変化しました。大きなきっかけとなったのは、二〇〇一年の9・11です。その後、テロに対する法整備が進み、アメリカ国土安全保障省（DHS）が二〇〇二年に設立されました。DHSは、既存の省庁がそれぞれ有していた国内の安全保障課題をとりまとめることになり、サイバーセキュリティを広く担う組織となりました。

私は当時、DNSのルートサーバの運用グループの代表を務めていました。ですので、インターネットの安全に関する、DHSからの多くの質問に答える立場でもありました。そのとき焦点になっていたのは、アメリカと海外との接続、主には海底ケーブルに関するものでした。9・11のときには航空網を遮断しましたが、同時多発テロは電子メールなども利用していましたので、インターネット網を遮断するというシナリオに関心があったのでしょう。

とくに、アメリカに陸揚げしている海底ケーブルの拠点には関心を示していました。当時からアメリカは、国際的な海底ケーブルの主要な陸揚げ拠点でしたから、そこを通じて中国やロシアなどの外国政府が通信インフラにアクセスしてくることを懸念していました。

海底ケーブルは民間企業のコンソーシアムで敷設されるのが普通です。アメリカ国土への陸揚げは、当然アメリカの陸揚げ許可が必要になります。この申請を受け付けていたのは、連邦通信委員会（ＦＣＣ）です。

二〇一七年に完成したＳＥＡ―ＵＳの前に、ＨＫ―Ｇと呼ばれる香港とグアムの間のケーブルが用意されており、新しいグアムの拠点を彩るはずでした。ＲＴＩ社からＮＥＣが請け負う形で、ほぼ完成していたと伝えられたＨＫ―Ｇですが、二〇二〇年一一月に、ＦＣＣへの申請が取り下げられました。さらに、二〇二〇年六月には、やはり香港とロサンゼルスを結ぶ海底ケーブル、パシフィックライトケーブル・ネットワーク（ＰＬＣＮ）が、ほとんど完成していたにもかかわらず、ロサンゼルス―台湾とロサンゼルス―フィリピンに変更されてＦＣＣへの申請が出されました。これらのケーブルの出資元はアメリカのビッグテックです。つまり、ビッグテックの計画に変更が発生していることは間違いありません。

二〇一七年に誕生したトランプ政権において、対中戦略が大きく変わりました。この過程で、重要な意味をもつのが「チームテレコム」です。一九九五年に非公式なワーキンググループとしてＦＣＣのもとで申請審査の補助をしていたチームテレコムは、外国政府の所有または支配下にある企業による海底ケーブル陸揚げに、安全保障上の懸念がないかどうかを評価する役割を担うようになっていきます。

外国企業の出資の比率が高くなると審査の対象となるために、審査結果がなかなか戻ってこないと、ＨＫ―Ｇのように「取り下げ」ざるを得ない事態が発生します。また、ＰＬＣＮのように、陸揚げの地点を変更して申請するケースも見受けられます。

近年、チームテレコムは、中国政府系企業によるアメリカの通信インフラへの投資を制限する新たなガイドラインを発表し、中国政府によるアメリカの通信インフラへのアクセスを阻止するために、その役割を拡大しています。二〇二三年一二月、アメリカ政府はチームテレコムを正式な組織として承認しました。これにより、さらに強力な権限を有したことになります。

人のいない地域までカバレッジを広げる

5Gや無線ＬＡＮのような高速無線通信が普及したことで、ケーブル接続を気にする人は少なくなったかもしれませんが、無線の基地局の裏側には、当然、光ファイバーのネットワークがあります。世界のインターネットのトラフィックの九五％以上は光ファイバー網でつながっているので、トラフィックの量からいえば、インターネットは光ファイバーを中心に動いているといっても過言ではないのです。

無線が担っているのは、おもに基地局からスマートフォンやタブレットをつなぐ最後の部分だけです。基地局同士は光ファイバーでつながっているわけですが、ここに新たな問題が生じています。それは、ＩｏＴ（モノのインターネット）によって、人間がいないところでも各種センサーやデジタル機器、そして自律走行車やドローンのような自律型ロボットによって続々とデータが生まれてくるようになれば、その部分もインターネットがカバーしなければいけないという問題です。それらの機器がインターネットにつながっていなければ、データをアップロードすることも、安全に制御することもできないからです。

現在、日本では、インターネットの人口カバレッジ(カバー率)でほぼ一〇〇%を達成していますが、これを国土のカバレッジに換算すれば、わずか六〇%です。残りの四〇%は山や森、海辺などです。しかし、そのような人があまりいないところでも、農業や林業、水産業、あるいは送電線などのインフラがあるわけで、そこまでカバーすることで、データ収集や遠隔操作など、新たな技術の発展が期待できます。また、地震や地崩れなどの災害や、山での遭難事故のことを考えれば、安全な国土にむけた大きな貢献を期待することもできます。

ところが、インターネットの国土カバレッジを上げるときに障害になるのが、人があまりいないところをカバーするために、いったい誰が投資するのか、ということです。

静止衛星に代わる低コストのソリューション

もはや、カバー率一〇〇%を保証する、ユニバーサルサービスのような国家政策が必要な段階に来ているのかもしれません。テレビが日本全国どこでも見られるように、郵便物が日本全国どこでも受け取れるように、日本国内のどこからでもインターネットに接続できるのが理想です。ただし、コスト負担の問題で、まだそれを義務化するのは現実的にむずかしいというのであれば、より安いインフラをつくって広域をカバーするという努力が欠かせません。

そのような問題意識から、従来の静止軌道より低い軌道に非静止衛星の小型衛星や超小型衛星を大量に打ち上げ、全体をコントロールすることで広域をカバーする、「衛星コンステレーション」に注目が集まっています。ひとつの静止衛星で広域をカバーしてきた従来の衛星通信よりも、低コスト・低リスクで、海洋や山岳地帯・砂漠・広大な農園など、人口の空白地帯をカバーするのにうってつけの技術です。

インターネット用の低軌道衛星によって国土カバー率が上がれば、インターネットにつながりにくい過疎地域の利便性が向上するだけでなく、日本中の地域の資源を利用した、まったく新しい産業領域が誕生するのではないかと期待が集まっています。二〇二二年までに日本では、周波数帯などの環境整備が整い、これまで困難だった離島でのインターネット接続や、船舶などでの利用が始まり、観光船や病院船など、全く新しい体制の整備が開始されています。

ただし、通信衛星というのは、つねに軍事利用とのバランスが求められる分野です。軍隊が直接利用するだけにとどまらず、紛争地帯におけるインターネット接続を担う役割も果たすことになります。記憶に新しいところでは、アメリカのスペースＸが提供する衛星通信サービス「スターリンク」が、ロシアに侵攻されたウクライナ首脳の要請に応じる形で、ウクライナ国内で提供されました。通信インフラは、どうしても地政学上の問題と無縁ではいられません。

IPアドレスの枯渇問題

インターネットのカバレッジといえば、もうひとつ忘れてはいけないのが、IPアドレス問題です。

インターネットの通信プロトコルIP(Internet Protocol)は、コンピュータ同士が通信をおこなうときの約束事(通信規格)であり、IPアドレスといえば、インターネット上の「住所」に当たります。インターネットに接続するためにはIPアドレスが必須で、自分が送信したデータが間違いなく相手に届くのも、IPアドレスがあるからです。「住所」不明では郵便物が届かないのと同じです。

IPアドレスは通信機器ごとに割り当てられるのですが、インターネットの利用が急拡大していく過程で、この「住所」が足りなくなるというIPアドレス枯渇問題が生じます。IPのバージョン4(IPv4)では、四三億個しかIPアドレスを割り振れないことが決まっていたので、最初から、人類全体をカバーすることはできない運命だったのです。

そのため、無限に広いアドレス空間につくり替えなければいけないということは、当初から言われていました。そして、このことに最も精力的に取り組んだのは日本で、IPバージョン

6（IPv6）の開発がその一例と言えます。初期のインターネット技術は日米欧が中心になって開発されてきましたが、紆余曲折の末、IPv6の開発を日本に一本化しようという合意が米欧と日本の話し合いによって形成され、参照コードの公開に至りました。

一九九二年から議論が始まり、九五年に最初の仕様が決定されたIPv6は、無限に広がるアドレス空間を前提としています。現在、世界中でIPv4からIPv6への移行が進められていて、その普及率は全世界で約三五％、日本国内では約四五％となっています。

ドットコム・バブルのアメリカと、後発の中国

なぜ日本はIPv6の開発に力を入れたのでしょうか。理由のひとつには、「IPをつくり直す」という開発馬力が求められた一九九〇年代前半という時期に、アメリカのエンジニアたちがこぞってビジネスを始めたことがあげられます。

それまで大学で研究していたような人たちが次々とベンチャー企業を立ち上げ、インターネット産業の勃興期に、ドットコム・バブルという巨大なブームを生み出したのです。グーグルとアマゾンという現在まで続くビッグテックの一角は、二〇〇一年のドットコム・バブル崩壊の大混乱を生き残った数少ない企業です。

アメリカでは、ビジネスに軸足を移した研究者が大勢いましたが、日本では、そのようなこ

とは起きませんでした。ちょうどそのタイミングで、このままではＩＰアドレスが枯渇してマズいことになるという問題意識が日本で広がり、開発に取り組んでいったのです。ヨーロッパにも同じような問題意識はありましたが、日本が最も力を注いでいたので、「そのようなことなら日本に任せよう」ということで、一本化が実現したのです。

なぜ、この時期に日本だけがこんなに頑張っていたかというと、「いつの日か中国がインターネットを使うようになる。そうなると、確実にＩＰアドレスが足りなくなる」という危機感があったからです。

このことを、私は当時の総理大臣にも説明したことがあります。

「中国がインターネットを使うようになったら、いまのままでは動かなくなる。インターネットのアドレス空間を広げておかないといけない」

これは、開発費用をひねり出すための、殺し文句でもありました。歴代の首相からも「ぜひやってください」と言われました。

当時は、学生同士で情報を共有して、日中韓の三国で東アジアのネットワーク開発に取り組んだりもしていました。同時に、東南アジアとも連携を強めていましたが、このふたつは別々のコミュニティととらえていました。先行していた日中韓は、先端インターネット開発で協業していました。

といっても、当時はまだ日本の技術力が上で、日本が中韓両国を引っ張っていた形です。中国の国土は広大で、ポテンシャルはあったけれど、技術の吸収という面ではまだうまくいかないことも多く、我々もアメリカなどと連携して協力していました。

3　米中摩擦とインターネットの未来

模倣から始まった中国メーカー

一九九〇年代後半以降、経済発展にわく中国の技術力は、ものすごい勢いでキャッチアップしてきます。その代表が通信機器メーカーのファーウェイ(ＨＵＡＷＥＩ)です。インターネット技術に関しては、アメリカのネットワーク機器大手のシスコそっくりのプロダクトをつくるところから始まりました。

先行技術を真似して技術力を高めていくのは、エンジニアが成長するための王道であり、かつての日本でも当たり前におこなわれていました。とくにインターネットは技術標準化の文書が完全に無料でオープンですから、インターネット関連機器には、絶対に隠し通さなければいけない知的財産はあまり含まれていませんでした。ただ、性能を上げていくためにはノウハウが必要なので、真似ることによって、あれよあれよという間に、高性能のものを安くつくることができるようになっていきます。

これはファーウェイだけに限った話でなく、中国のメーカーがコモディティ化したために、日本やアメリカではあまりつくられなくなったプロダクトを大量に生産して、より安く、より高性能のものを生み出すという流れが定着します。

たとえば、家庭やオフィス内で使われるイーサネット。ゼロックスのパロアルト研究所にいたロバート・メトカーフが一九七三年にイーサネットの原理を発明します。それにより、一本の電線にたくさんのコンピュータをつなぐと、ローカルエリア・ネットワーク（LAN）で全部つながるだけでなく、インターネットにもつながる、ということを始めます。

メトカーフがつくった小さなネットワーク機器の会社がカリフォルニアにあって、Computers（コンピュータ）、Communication（コミュニケーション、通信）、Compatibility（互換性）の三つのComをとって、3Com（3コム）と名乗っていました。つまり、コンピュータを互換性のある通信機器でつなげば、どんなコミュニケーションも可能であるという、インターネット機器にとって大切なコンセプトを、企業名として打ち出したわけです。

ファーウェイによるアメリカ企業の事実上の買収

3コムの製品は世界中の家庭や企業に浸透していきます。そして、アメリカの最大手だった

３コム社との合弁会社を、ファーウェイが二〇〇三年に立ち上げます。ファーウェイはインターネット機器の技術を勉強するために、３コムを事実上、手に入れたのです。その名もファーウェイ３コム、それがのちにＨ３Ｃテクノロジーズとなります。「Ｈ３Ｃの３をスリーと読んではいかん、中国の会社だからサンと読め」などとよく言われていましたが、Ｈ３Ｃの製品は世界でも普及します。

競合企業を（実質的に）買って、必要な技術を手に入れる。それ自体は資本主義のダイナミズムであり、健全な競争の一環です。しかし、私も日本企業の拡大するマーケットへの展開にもたくさん付き合うなかで、知財やノウハウの移転、中国企業を発展させるための強制的な合弁事業化の要請など、すべてがうまくいっているわけではないことを知っていました。

ファーウェイは、合弁事業をいったん３コムに売却したあと、今度は３コム本体の買収をしかけます。しかし、安全保障上の理由からアメリカ政府の反対にあい、計画は頓挫します。

そのころには、ファーウェイは３コム以上の通信機器をつくれるようになっていました。たとえるなら、チューインガムを噛んで味がしなくなったから、ペッと吐き出すように、ファーウェイはＨ３Ｃという会社を手放したと私は感じていました。そして、吐き出されたガムの半分を買ったのがアメリカのヒューレット・パッカード社でした。

ファーウェイがアメリカ政府の逆鱗に触れたのは、シスコの模倣がきっかけでした。すでに二〇〇三年ごろから、アメリカでの係争は始まっていました。二〇一〇年を過ぎると私のところにまで、アメリカ政府からファーウェイに対するリポートがわざわざ届けられていたほどです。この係争が、米中貿易関係の悪化の引き金のひとつになりました。

もうひとつの引き金は、クアルコム社(Qualcomm)との係争です。クアルコムは、当時スマートフォンのチップのほとんどの知財をもっており、世界で独占的にビジネスを展開していました。ファーウェイはこの独占を回避するために、専門家の間では「クアルコムフリー」と言われていたＫｉｒｉｎというチップセットの採用を、二〇一〇年に決めました。これもファーウェイ社がアメリカ政府の逆鱗に触れた要因になっていると思います。二〇一六年に日本でおこなわれたＧ７の情報通信大臣会合においても、アメリカはクアルコムを従えて、ＩＣＴと知財の関係を強く訴えていたのを覚えています。

ただし、クアルコムフリーのチップセットは、Ｋｉｒｉｎを提供しているファーウェイの子会社ハイシリコン(HiSilicon)や、中国のプロダクトで活躍しているメディアテック社(MediaTek)以外にも、二〇一五年にはアップルが、そして、二〇二一年にはサムソン、グーグルが、チップセットの開発に成功するなど、だんだんとアメリカも含めて競争領域に突入しています。

世界最大のインターネット人口がもつインパクト

そうこうしているうちに、中国は二〇〇四年に日本を抜き、二〇〇六年にアメリカを抜いて、インターネット人口世界第一位の座に躍り出ます。それだけ急速にユーザー数が増えたので、最初からIPv6に対応せざるを得ませんでした。IPv6を実質的に開発した日本は、IPv4からIPv6への移行を意地で進めているようなところがありますが、中国はそもそもIPv4の割り当てが足りなかったので、IPv6を推進するしかなかったわけです。

そのかいもあって、中国のCNIC（China Internet Network Information Center）が二〇二二年末に発表した統計によると、中国のインターネットユーザー数一〇億六七〇〇万人は、全人口の七五・六％ですが、同時に発表されたIPv6のアクティブユーザーは七億二八〇〇万人で、その割合は約七〇％にも及びます。

第2章でも5Gのところで述べたように、インターネット後発組の中国は、過去のしがらみがほとんどないため、下位互換性を意識しないスタンドアローンで、5Gへの切り替えができます。後発のアドバンテージをうまく活かして発展しているわけです。

かつては日本やアメリカの後塵を拝していた中国のインターネットは、こうしてインフラとして急速に立ち上がってきたのですが、ここにきて、中国が誇る世界最大のインターネットユーザー数が、大きな価値をもつようになってきました。

それは、第4章で出てきた本人確認のためのKYCデータ（住所・氏名・性別・年齢など）が、インターネットの閲覧履歴など、人間の行動の記録と結びつくことで、ターゲティング広告や、ウェブサイトのレコメンド(おすすめ)表示をはじめとするマーケティングやビッグデータ分析で使われるようになったからです。

ＡＩというのは、人間の行動を大量に学ぶことでより賢く、より精度を高めていくものなので、ユーザー数が多いほど、行動記録がたくさんあるほど、有利になります。グーグルやアップル、アマゾン、メタ(フェイスブック)があれほど強いのは、利用者の数をどんどん増やしていったからです。

ユーザー数のボリューム自体が大きな意味をもってくるなかで、プライバシーを尊重しながら発展する各国のＡＩに比べ、国をあげて個人のデータを利用する環境を整備する中国は極めて先進的なＡＩ技術をすすめることができる立場になりました。このままでは、アメリカのビッグテックは太刀打ちできないかもしれない。そのような不安も出てきました。

個人情報を使う企業

プライバシーの問題はアメリカのビッグテックにふりかかってきます。とくにグーグルなどのアメリカビッグテックに対する反発がヨーロッパには強く存在し、ＥＵのＧＤＰＲ(一般データ保護規則)につながっています。ＥＵで個人データのビジネスをやってよいかどうかは、ＥＵ

が決めるという仕組みです。

ＥＵの中も決して一枚岩ではないことは第4章でふれましたが、最終的には、自由主義陣営の各国は、なんとかデータを有効に活用していく方法を模索する以外に道はありません。でないと、中国に対抗できないからです。なぜなら、中国は、政府による監視も、企業によるデータの独占的な利用も、どちらも自由にできてしまうからです。

政府は国民のデータを自由に見ることができるし、中国におけるビジネスもだんだん政府寄りになってきており、政府と一緒になってデータを使っています。政府による監視を規制する法律もなければ、ＧＤＰＲのような歯止めもない状態で、中国はデジタルデータを駆使してさまざまな挑戦をしていくので、中国以外のインターネット先進国とはまったく違う発展のしかたをするはずです。とくに大量の個人データで学習するＡＩにおいて、その差は顕著に出てきます。それが中国の強みとなっています。

アリババが中国の物流を根本から変えた

中国政府がこのことの重大さに気づいたのは、二〇一四年ごろだと思います。それまでの中国政府は、インターネットについて、大学や研究機関を育成するＣＥＲＮＥＴ(China Education and Research Network)を中心とするものか、あるいは政府批判を抑えるために監視する対象といった程度に捉えており、中国経済を世界で展開するための基盤という発想は、決して強くはありませんでした。

そんななかで登場したのが、ジャック・マーが創業したアリババ（Alibaba）です。アリババは、中国における物流を完全に変えることから出発した金融系の会社でした。広大な国土をもつ中国では、物流は大きな課題でした。アリババはB2Bの企業間EC（電子商取引）サイトからスタートし、大成功させせました。

ジャック・マーは、アリババを始めたとき、次のように語っています。

「中国では物を送るとお金を払わない。お金を送ると物が届かない。着払いにすると料金をもらった運送業者が持ち逃げする。だから、通信販売はできないと言われていた。それで自分がやったのは、買い手の銀行のアカウントに手を入れて、代金を確保しておく。そしてインターネット上で処理して、「お金を押さえてあるから、物を送ってよいよ」と伝え、売り手が送った商品を買い手が受け取り、「ちゃんと届いたよ」と言われたら、押さえておいた代金をリリースして売り手に支払う。こういうことをやっているだけなんです」

いまでいうエスクローに似た仕組みで、売り手と買い手のあいだに第三者をかませることで、売り逃げ、買い逃げを防ぐやり方です。アリババはこの仕組みをつくって大儲けをします。

それを聞いた私は、国内でいろいろな人に「アリババが中国で儲けているのは、こういう仕組みらしいよ」と伝えましたが、「村井先生、それは日本ではできないんですよ。第三者が銀行口座を勝手に押さえたら、金融法違反ですよ」と言われて驚きました。次にジャックに会ったときに、「日本では金融法違反だから、アリババのビジネスはできないらしいよ」と言ったら、本人はあっけらかんとしたもので、「そりゃあそうだよ。中国でも違法だもの」と言っていました。のちにアリババは、最初に組んだ銀行のみならず、全国の銀行と連携して中国に革新的なビジネス基盤を確立しました。

ちなみに、銀行口座を直接押さえるのは違法ですが、オークションやフリマといったC２Cの個人間ＥＣサイトの運営会社が、売り手と買い手の間に入って一時的に代金を預かり、荷物の到着を確認してから代金を支払うというエスクローは合法です。日本でもふつうにおこなわれはじめました。相手が直接見えないインターネット取引では、信用を担保するこうした仕組みが必要なのです。

ＱＲコード支払いの利用者が急拡大した理由

アリババ以前は、中国には信用できる支払いのメカニズムがありませんでした。他人を信用しない個人主義の国だし、貸し借りやクレジット（信用）という概念が、なかなか浸透しなかったのです。そこに「取引相手なんか知らなくても、代金はちゃんと保証するよ」というメカニズムをつくり上げ、アリババが成功したわけです。人間同士は信用できなくても、決済と支払いは問題なくおこなわれる。それがのちにアリペイ(Alipay)につながって、現金に代わる決済手段として中国全土で使われるようになりました。

二〇〇七年のスマートフォンの登場は、さらに中国のインターネット環境を一変させます。さまざまな背景が日本とは異なっていたのですが、ごく初期のスマートフォンは、電話機として使われるより、インターネットのデバイスとして使われることのほうが多かったようです。第二世代携帯の時代ですから、データの速度も速くありません。ただし、スマートフォンのデバイスの生産は複雑なメカニズムが少なく、画面と音声とバッテリー、そこに通信モジュールが載っていればいいので、廉価版のスマートフォンが大量に生産されました。

この廉価版のスマートフォンが普及するのと、テンセント(Tencent)のメッセージアプリWeChatが流行するのとは、同じタイミングだったと記憶しています。二〇一一年のサービス開始以降、WeChatは発展を続け、テキストメッセージに加えて、画像や音声の交換もできるようになります。中国でタクシーにのると、運転手は、会話を音声メッセージとして交換し、のべつまくなしに誰かと話していたのを思い出します。調べてみると、リアルタイムで音声の会話をするほどの回線容量は整っていませんでしたが、とりあえず、音声メッセージ単位の交換は十分できるという状態でした。

テンセントは、中国の春節(旧正月)に贈られる紅包(ホンバオ)と呼ばれるお年玉に目を付けて、メッセージとしてお金に相当する電子通貨を交換できるようにしました。すると、これが爆発的に流行します。

さらに、二〇一三年にはQRコード決済が開始され、二〇一五年ごろになるとレストラン、スーパーマーケット、自動販売機のようなコストの高い環境やモノだけでなく、屋台や露天商に至るまでQRコード決済が浸透し、現金決済が社会の中から消えてしまったようになりました。店頭には印刷されたふたつのQRコードが貼り付けてあります。それらは、アリババのアリペイとテンセントのWeChatペイでした。

同じころの日本では、電子マネーはSuicaや楽天Edyなどに限定され、せいぜいカード決済ができるくらいで、現金決済がまだまだ当たり前でした。

国内向けには監視を強化

二〇一三年に習近平が中国の国家主席に就いて以来、中国のインターネットは、それまでのオープンなものから、政府の政策を実現するためのツールに変わっていきました。

中国政府はいま、中国国民を監視しています。グレートファイアウォールという通信の障壁によって、インターネットのミニチュア版の模型をつくり、その模型の箱庭の中で、中国人は生きているわけです。外の世界ともなんとかつながっているけれど、中国政府にとって都合の悪い情報は消えています。私たち外国人も、いったん中国国内に足を踏み入れたら、グーグルマップは見られないし、Gメールも使えません。ポケモンGOもできません。オンライン会議の**Zoom**はかろうじて使えるけれど、不都合なものは全部カットされています。

以前は、中国のインターネットももっと世界に開かれていました。たとえばIPアドレスを割り当てる組織CNNICを中国科学アカデミーにつくったとき、私も協力しています。インターネットを運用する仕組みはだいたい中国科学アカデミーでつくっていたのだけど、それがこの数年でどんどん政府の一部に吸収されていきました。かつては国際性を誇っていた中国の全大学を接続するCERNETも、国の認定したゲートウェイ経由だけになり、政府の管理下に入っていきました。

対外的には責任あるグローバルリーダー像を打ち出す

中国政府は、世界インターネット会議(WIC)を二〇一四年一一月から、烏鎮(うちん)という場所で開催してきました。この町は、有数のリゾート地でもありますが、アリババやその創立者ジャック・マーとの関係が深い場所です。インターネットの誕生から五〇周年にあたる二〇一九年のWICでは、中国側のスタンスの変化に驚かされました。

それまでは「中国はインターネット先進国になるぞ！」「インターネットで国を変えるぞ！」というスローガンが中心でした。しかし、二〇一九年大会からは空気が一変して、「オープンでグローバルなインターネットを世界に広げよう」というメッセージが、周近平主席のメッセージとして伝えられたのです。中国国内のインターネット事情を知っている人にしてみれば、「え？　オープンでグローバルって、中国が言うの？」という違和感が拭えなかったのですが、次第に事情がわかってきました。

つまり、中国が推し進める「一帯一路」の世界戦略の一環だったのです。たとえば、「イタリアの健康と医療に中国は貢献します」といった話があちこちで語られていました。インターネット強国の中国なら、そうしたサービスをまとめて提供できる。そのようなオープンでグローバルな新しい世界をともに創っていこう、というストーリーになっていたのです。

そして、インターネット開発の促進、文化的多様性の尊重、インターネット開発成果の共有、平和と安全の確保、インターネットガバナンスの向上が、「烏鎮イニシアティブ」として発表されました。グローバルなインターネットの諸課題に中国政府が言及したのは初めてでした。国内向けの締めつけとはずいぶん方向性が違うので、戸惑いましたが、そこにはグローバルリーダーとしてアメリカに並び立ち、追い抜こうという中国政府の意気込みが込められているようでした。そして、いまから思えば、このころまでがアリババと中国政府の蜜月時代でした。

米中摩擦を超えて

二〇二〇年になると、COVID-19が中国の武漢（ぶかん）から世界中に広まり、中国が強制隔離をともなうゼロコロナ政策をとるようになると、ジョージ・オーウェルの古典SF『1984年』に出てくるビッグブラザーのような監視社会の実態が露呈し、世界中から批判を集めるようになりました。また、前年から激化した香港民主化運動のリーダーたちを次々と逮捕・勾留・起訴して、不満分子を徹底的に排除する中国の強権的なやり方に対する拒否反応も、西側先進国を中心に広がっていきました。それまで習近平国家主席に親近感を示していたトランプ大統領（当時）も、中国への批判を隠さなくなり、根深い分断が生まれてしまいます。

トランプ大統領が中国と対立を深めるまでは、インターネットの未来について、私は比較的楽観的に見ていました。中国には国内向けと対外向けのふたつの顔があるけれど、経済成長という共通の目的があれば、議論を重ねていくなかで歩み寄っていけるだろうと思っていたのです。グローバル経済とつながっていることは、中国にとってもきわめて重要だし、国内に対する監視コストもバカにならないので、いつかさまざまな問題は解決の方向に向かうのではないかと思っていたのです。ところが、米中摩擦はさらに激化して、西側先進国の「脱中国」も進んでいます。

　とはいえ、インターネットの発展において、国際政治との関係で決定的な役割を果たすのは、やはり経済だと思っています。インターネット文明では、経済成長がグローバル空間で起きやすいので、そこから孤立すること、すなわち、分断を自ら選択することはできないのです。それよりも、お互いにインターネットでつながっていることを前提に、異なる文化や主張を尊重していくべきでしょう。

　個人データの取り扱いも、安全保障も、さまざまな地政学的な影響がなくなることはありません。ですが、人の健康・地球の環境・経済の発展を目指すときは、エリアに限定された視点だけではなく、グローバルな視点でも取り組まなければいけません。

　分断の時代の国際政治の舵取りは、たしかに困難な課題です。これまではアメリカが率先して話し合いを進めるという形を取ってきましたが、今後もアメリカに依存し続けるのはむずかしいでしょう。だからこそ、日本にできること、貢献できる役割が、たくさんあるのではないでしょうか。

第6章　インターネット文明で果たすべき日本の役割

1　日本の技術開発の底力を見せるとき

ハードウェア開発競争に敗れた理由

インターネット人口でいえば、日本は中国、インド、アメリカ、インドネシア、ロシアに次いで第六位、ＥＵをひとつとカウントすれば第七位の座を占めています。人口で勝るブラジルやパキスタン、ナイジェリアなどよりもユーザー数が多いのは、日本のインターネット普及率が九〇％超と高いからです。

これだけ普及率が高いこともあって、日本はインターネットの歴史において重要な役割を果たしてきました。たとえば、まだインフラの整備が必要だった一九九〇年代初頭、とくにＩＰｖ４からＩＰｖ６への転換は待ったなしの状況でした。そのコアの開発を担ったのは日本でした。インターネット関連機器、つまりハードウェア開発の責任の一端を、アメリカに次ぐ第二の開発勢力として、日本はしっかり果たしてきたのです。

しかし、残念ながら現在は、当時の勢いは見る影もありません。たとえば、かつてルータやスイッチのような通信機器では、富士通、日立、ＮＥＣを中心に日本が一大勢力を築いていました。ただ、通信機器の技術は、電話からインターネットへ、アナログからデジタルへ、回線交換からパケット交換へと移行するフェーズで、大きく様変わりしました。そのため、インターネットの重要性をどれだけ早い段階で理解していたかが、その後の勢力図に大きく作用したのではないかと考えています。

アメリカの会社はいち早く、インターネットをベースにした通信機器の開発を打ち出していました。しかし日本の場合は、当時の通信事業を独占していたNTT（旧電電公社）の影響が強かったため、国の政策支援も含めて、電話会社がインターネット機器を取り巻く環境を牽引するという体制が続きます。

NTTは電話会社だからこそ、移動体通信、つまり携帯電話のほうにより強い関心がありました。そのため、インターネットのポテンシャルについては、そこまでビジネスの関心が向いていなかったのかもしれません。インターネット関連のハードウェアについては、自前で開発するのではなく、アメリカ企業から調達する流れができあがります。

もちろん、NTTが移動体通信に注力したおかげで、日本のメーカー各社は携帯電話で世界の一翼を担うことになったわけですが、スマートフォンの登場によって、シェアをどんどん落としてしまったのは、周知のとおりです。

歴史の曲がり角となったのは、NTTが「次世代ネットワーク（NGN）」という、インターネットプロトコルを利用してデータ通信も可能にする新しいデジタル電話網をつくるとき、アメリカの通信機器大手シスコシステムズの技術を採用したことです。当時、NTT内部でシスコに対する評価が非常に高かったので、シスコの日本法人ができ、NTTのインフラの中のパケット交換の部分にシスコの技術がたくさん入ってきました。インターネット機器に切り替わるタイミングで、アメリカ企業の参入を許した。それが、産業競争力を落としていくきっかけになりました。

もちろんNTTの選択は、純粋に技術的な評価によるものです。実際、日本の機器ベンダーは、世界のマーケットで活躍する体力も経験ももっていませんでした。NECや富士通、沖電気といったメーカーはかつて「電電ファミリー」とも呼ばれ、NTTにどれだけ貢献しているかでビジネスが成立していました。そのせいか、世界に向けてモノを売っていくための販売力が日本のメーカーには欠けているという印象を、長年私は受けてきました。

そうした状況を打開することになりそうなのが、現在利用が広がりつつある5Gや6Gの開発競争です。この分野は中国のファーウェイやZTEが圧倒的に強いとされていましたが、米中摩擦の影響で、欧米を中心にファーウェイとZTEを排除する動きが加速しています。

その空白を埋めるために、要素技術に強みをもった日米のメーカーがアライアンスを組み、国際標準化にはたらきかけ、楽天のような日本のモバイルサービス業者がもっとも性能のいいパッケージを売るという構図が出てきています。

すぐれた技術をもっているのに販売力にやや難があったメーカーと、国際販売力のある会社が手を組んで、世界に売り出す。個々のメーカーの名前は表には出てこないかもしれないけれども、フタを開けて見れば、中には日本製のモジュールやパーツ、ソフトウェアが満載されている。こうした組み合わせは、お互いの強みを持ち寄って、Win-Winとなる可能性が高いのです。

日本にビッグテックが生まれなかったわけ

このことは、日本にグーグルやアップルのようなビッグテックが生まれなかった理由にもつながります。

日本は技術そのものが遅れていたわけではありません。iPhoneが登場したときには、技術的にはほとんどの部品を日本製品でまかなえるのに、それらを束ねてスマートフォンというパッケージにまとめあげるメーカーはなかった、と言われていました。

たとえば、携帯電話にGPSの仕組みを入れるというときも、日本はいち早く対応しました。電子メールやウェブサイトを携帯電話で見るという点でも同様です。つまり、ガラケー（スマートフォン登場以前の日本で独自の発達を遂げた、ガラパゴス携帯と呼ばれる携帯電話）の小さな画面でインターネットを見るというのは大きなチャレンジでしたが、それに世界で最初に成功したのがドコモの「iモード」です。通信速度や画面サイズだけでなく表示できるカラーも限られた環境で、だれでもインターネットに接続する方法を開発した日本の技術力は、世界中にインパクトを与え、それがやがてアップルによるiPhoneの開発につながっていきました。先端技術がないわけではないし、日本企業も歴史的には大きな役割を果たしてきたのです。

ただ、iモードが世界中で使われることはありませんでした。それはやはり、日本国内がきわめて大きなマーケットだっただけに、海外に向けたマーケティングセンスや販売力が必要とされなかったからでしょう。

画期的なビジネスで一気に世界を制覇するぞ、グローバルスタンダード(世界標準)を取りにいくぞ、というタイプのマーケット戦略は、インターネットの普及以降にはアメリカからたくさん生まれました。日本企業はあまり得意ではありません。むしろ日本の強みは、個別の技術やアイデアを磨き上げてユニークなものをつくることや、人にやさしいコンセプトにおいて発揮されやすかったようです。高齢者が使いやすくなるよう文字やボタンを大きくしたドコモの「らくらくホン」などがその一例です。

また、これもすでに述べたことですが、日本がコンピュータの歴史において大きく貢献した点がもうひとつあります。使用言語や文化の多様性です。

コンピュータで日本語を表示でき、日本語を入力ができるようになったのは、日本のエンジニアたちの努力の賜物です。アルファベット以外の文字利用の必要性すら認識していなかった欧米のエンジニアたちを説得し、話し合いを重ね、それを実装するのに、私たち日本人が大きな役割を果たしてきたというのは、誇ってよいことだと思います。

インターネットがこれだけグローバルに普及したのは、locale（ロケール）という「どの国で使っているの？」という概念がすべてのOSに組み込まれたこと、そしてウェブブラウザで多言語表示ができるようになったことのおかげです。自分の言葉で読み書きできないツールが広く受け入れられることなど、インターネットではあり得ません。中国語や韓国語、アラビア語をはじめ、アルファベット表記ではないあらゆる言語は、このような環境を実現した日本チームの先駆的な取り組みの恩恵を受けています。

ウェブブラウザだけではありません。電子メールでも多言語を使えるようにするために、基礎的なフォントを整備したり、電子書籍のフォーマットで縦書き表示を有効にしたり、表示ページの右開きを実装したりするのに、日本のエンジニアは強いこだわりをもって取り組んできました。

その意味で、ビッグテックが生まれなかったから日本は競争に負けたという見方は、物事の一面にすぎません。日本企業が勝負できるフィールドは、他にもたくさんあるはずだというのが、私の考えです。

2　インターネットの公共性と持続可能性

経済中心のインターネットから人間中心のインターネットへ

ここまで何度も触れてきましたが、COVID-19によるパンデミックは、人類がこれまで経験してきたなかでも未曽有の大災害でした。そのなかでインターネットは非常に大きな役割を果たしました。学校はオンライン授業、会社もリモートワークやオンライン会議が中心。外食もできないのでオンラインで注文し、デリバリーというライフスタイルがより定着しました。巣ごもり消費も盛んになり、ストリーミング動画の視聴、オンラインゲーム、ネットショッピングがより定着しました。

それだけではありません。各国の感染状況は自宅にいながらにして、いつでもチェックできるようになりました。原因ウイルスの遺伝情報特定も、ワクチン開発も、各国の研究機関がインターネットを通じてつながり、情報共有したことで、従来とは比べものにならないほどのスピードで実現し、できあがったワクチンがまたたくまに世界中に送り届けられました。スマートフォンのGPS位置情報を利用した接触確認アプリがつくられ、無料で配布されました。

しかし、位置情報などの個人データや、街中に張りめぐらされた監視カメラ網と顔認証技術の組み合わせで、感染者や濃厚接触者の行動をリアルタイムで追跡し、強制的に隔離する監視社会の恐怖も、世界は同時に目撃しました。

ここで得られた教訓は、世界が次の災害に直面したときに活かされなければいけません。我々人類が、インターネットというテクノロジーとこの先どうやって付き合っていくのか、どのように使いこなしていくべきなのかを考える材料になると言ってよいでしょう。

これまでのインターネットは、どちらかというと、技術面や産業面から語られることが多かった。インターネットは経済成長とセットで考えられてきたのです。インターネット文明がここまで巨大になったのも、ビッグテックを筆頭に、インターネット関連産業が世界経済を牽引する役目を果たしてきたからです。

パンデミックは、地球規模で人の移動と物流に待ったをかけ、経済活動に大きなダメージをもたらしました。しかし同時に、このパンデミックによって、世界はインターネットの新たな可能性について、知見を深めることができました。ヒトとモノの流れは滞っても、情報の流れは止まらなかったからです。

その結果、経済という従来の評価軸に加えて、我々の命や、我々が暮らす社会、あるいは、我々を取り囲む環境に対してどのようにコミットメントできるのかという評価軸が重要となってきました。「人」軸、「社会」軸、「環境」軸のインターネットの登場です。

「誰も排除されない、誰も取り残されない」から持続できる

「人」を中心とした評価軸を先取りしていたのが日本です。一九九五年の阪神・淡路大震災、二〇一一年の東日本大震災では、インターネットが大きな役割を果たしました。この経験は、インターネットは人の命を左右する生命線になり得るという認識を強く植えつけました。インターネットは、経済活動のツールであると同時に、生活に直結したライフラインです。こうしたインターネットの公共性、社会のライフライン・インフラとしてのインターネットというのは、日本における共通認識となっています。

災害大国・日本の経験は、自然災害に襲われたり、紛争に巻き込まれたりして、インフラが破壊され、避難することを余儀なくされた世界の人たちにも役に立ちます。困難な状況で、数多くの経験を積み重ねてきたからこそ、インターネットをどのように人と社会のために役立てるか、どうやって公共のために使っていくかを率先して考えることができるはずです。

ちょうど二一世紀の幕開けと同じタイミングで、SDGs (Sustainable Development Goals) が世の中で広く受け入れられ、一回限りではない、持続的に発展していくために、貧困や飢餓、教育、ジェンダー平等、環境対策など、ターゲットとして取り組まなければならない一七の目標について、どうすればそれを実現できるのか、世界中で議論を重ねています。

こうした議論に、日本は大きく貢献できると考えています。持続的であるためには、弱者を切り捨てず、より多くの人を取り込んで進めていく必要があるからです。誰も排除されない、誰も取り残されない発展のために、困っている被災者に寄り添う姿勢、デジタル弱者を置いてけぼりにしない開発姿勢が、大いに役立つはずです。

地デジ切り替えがうまくいった理由

弱者を置いてけぼりにしない日本の姿勢は、たとえば、テレビの地上波をアナログ放送からデジタル放送に切り替えたとき、いわゆる「地デジ」が始まったときに顕著に見られました。

アナログ放送を停波する日は二〇一一年七月二四日とあらかじめ決まっていましたが、この切り替えのためにやらなければいけないことが山ほどありました。まず、デジタル放送を受信するために、全世帯にデジタルテレビに買い替えてもらうか、ＴＶチューナーをつけてもらわなければいけませんでした。受信アンテナも付け替えてもらわなければいけません。これだけでも、とうてい無理ではないかと思われていました。

さらに、電波が届きにくい世帯が利用していたビル陰の共同受信施設の補償の仕組みも考えなければいけないし、社会制度も変えなければいけない。もちろん放送局側もいろいろ変える必要があります。当時は「本当にこんなことができるのか？」と思いましたけど、いろいろな方法を駆使して、なんとかやり遂げたのを見て、素直に「すごいな」と思いました。

社会の隅々までほとんど取りこぼしがなく、スムーズに切り替えができたのは、最後の最後まで、「困っている人、いませんか？」と言いながら各戸を回って地デジへの切り替えを手伝う、「お助け隊」のような人たちが大活躍したおかげでもあります。そのようなボランティアのような人たちに頼るのもどうなのかという論点はありますが、できるだけ困っている人をフォローしようとするのが日本のやり方でした。ほかの国では、デジタル放送への切り替えがうまくいかず、当初予定より大幅に遅れたり問題が生じたりしていたのと比べると、日本はかなりうまくやったと思います。

日本のデジタル化を阻むもの

新しいツールを使いこなせない人を見捨てない、弱者にやさしく、誰も取り残さない姿勢が、日本らしさを生んできたのは間違いありません。しかし、それは同時に、日本のデジタル化、日本のＤＸ（デジタルトランスフォーメーション）が遅々として進まなかった原因でもあります。

そしてもうひとつ、周囲を海に囲まれた島国という環境で、安定してゆっくり成長することに慣れてしまったことで、新しいものに対する拒否感というか、「いままでうまくいっているのに、どうして新しいことを始めなければいけないのか」という気持ちをもつ人が増えてしまったところにも、変革が遅れる原因がありそうです。

日本がデジタル化に遅れた領域というと、医療・教育・金融・行政などがあげられますが、どれもレギュレーションがあり、ルールが強いところです。したがって、岩盤規制にメスを入れ、ルールそのものを見直していけば、意外と早く切り替えが進むこともあるのです。決められたルールを律儀に守るのも、日本人のよいところですから。

たとえば、今回のパンデミック対策でも大活躍したオープンデータ。行政がもつデータをインターネット上で公開すると、それを使って報道もできるし、分析もできます。つまり、公共のサービスとしておこなわれている行政業務は、原則としてすべてインターネット上で公開すべきであり、オープンになっていることで、そのパフォーマンスを誰でもチェックできることに意味があります。税金が無駄遣いされていないか、法令はきちんと守られているか、誰がどんな責任で何をしているのか、あるいは、何もしていないのか。支払い明細や議事録がオープンになっていれば、行政の透明化や健全化を推進することができます。

必要性を理解していない人は動かせない

ところが、日本の行政のオープンデータ化は他国と比べて著しく遅れていて、二〇一〇年代半ばには、ＯＥＣＤ（経済協力開発機構）加盟国中の最下位でした。つまり、行政の透明化がほとんどできていない状況だったのです。そうすると、どんな不都合が起きるのか。

あるとき、私はＵＣバークレーに行って、東アジアの研究をしている学生たちに講演をしました。彼らに話を聞いてみると、いまは日本のことを研究している学生はいないというのです。なぜかといえば、研究スタイルがすっかり様変わりしていて、昔は図書館で本を読んだり、学会誌の論文を読んだりしていたのが、いまは全部ウェブ上にあるデータを分析するというスタイルに変わっています。ところが、日本の行政は一切データを出していないので、最初から研究の対象にならないというわけです。研究してもらえなければ、知日家、親日家を増やすこともできないし、日本の行政に対して有益なアドバイスをもらうこともできません。

そのことに気づいた私は、内閣に専門家を集め、自ら座長となって、国のオープンデータ化を推進しました。ところが、当時の国には、オープンデータ化の必要性に対する理解がほとんどありませんでした。

たとえば、中央省庁の人でさえ、「議事録は出さなくてよい」と思い込んでいました。「ちょっと待て。議事録は全部出すんだよ。国が税金でやっていることは全部オープンにするんだから」と言ったら、「オープンにするのはデータですよね？　データなら出しますけど」という返事が返ってきて、話が全然嚙み合わない。データというのは「数字の表」、つまりエクセルデータのことであり、印刷された議事録はデータではなく「文書」だというのです。それくらい理解に差があって、悪気はないにせよ行政自らオープンデータ推進の足を引っ張っていました。

私は懇切丁寧に説明して、いちいち誤解を解きながら進めていくしかありませんでした。

自治体同士を競わせると一気に改革が進む

各省庁が毎年作成する「白書」。オープンデータ政策をはじめたころにはこれにCD‐ROMが付属していました。そこで、「そのデータを全部オンラインに上げるだけでもいいから、やってよ」と言うと、「できません」と返ってくる。白書づくりは全部外注しているから、著作権が生じていて、勝手に使うことはできないという理屈なのです。国の仕事で、国民の税金を使っているのに、そんな馬鹿なことがあるか、という思いでした。やがて、外注先との契約を見直し、利用可能な状態にしていくと、数年後には、すべての省庁の白書データはオープンデータとして利用できるようになりました。国の機関は、いったんやると決めさえすれば、しっかりと変わっていくのです。

しかし、霞が関の省庁のオープンデータ化をすすめても、都道府県はまた別です。国が「これをやれ」と言っても、地方自治の観点から、自治体は自律的に進める必要があるからです。とはいえ、時間をかけて必要性を説明していくうちに、オープンデータ化を実施してくれる県が少しずつ出てきました。そこで、すでに実施した県とまだ実施していない県がひと目でわかるように色分けした日本地図を用意して、それを徹底的にばら撒きました。内閣の担当職員に、「この地図をTシャツにして、それを着て都道府県知事会に行ってきて」と冗談を言っていたくらいです。

この地図が閣議の資料になったりすると、都道府県知事に「自分の県はまだやっていないじゃないか」ということが伝わります。すると、推進側に回ってくれる。そうやってオセロのコマをひっくり返すように、パタパタとオープンデータ化の実施県が増えていき、二〇一九年にはついにすべての都道府県でオープンデータ化が実現したのです。

コロナ禍には、各地の保健所がいまだにFAXを使っていて、それを受け取った側がいちいち手入力し直して、感染者数などを集計しているということが話題になりました。日本の行政のデジタル化の遅れを象徴する事例として、批判の対象になったわけですが、保健所というのは、都道府県や政令指定都市、中核市、一部の指定都市、東京二三区に設置されるものなので、都道府県よりもさらに国の声が届きにくい。しかし、今回これだけ大きく世間に取り上げられたので、おそらく変わっていくことでしょう。それには、一七〇〇余りの地方自治体のデジタル化の度合いが一目でわかるダッシュボードの公開が有効です。

国民の生活にいちばん密着した部分を担当するのは、市区町村の基礎自治体です。しかし、生活に密着しているからこそ、動かせるときがあります。基礎自治体が一気に変わるのは、災害時です。人の命、市民の命を最後の最後に守るのは基礎自治体の役目です。その意味で、災害からのリカバリーを軸に、基礎自治体のデジタル行政化がすべての人に一目でわかる見やすいグラフや、共通の項目別に、把握できるデータを公開すべきです。

　時間をかけて粘り強く取り組むことで、最終的には誰も取り残されない形で改革を成し遂げる。改革の恩恵をすみずみまで行き渡らせる。それこそが日本らしいやり方だと感じています。

周回遅れの先頭ランナー

　一九九五年に岩波新書で『インターネット』という本を出版したとき、書名に「インターネット」を冠した本がすでに何冊も書店の棚に並んでいました。当時の編集者が言っていたのは「周回遅れの先頭ランナーで行きましょう」ということでした。先行した本はたくさんあるけど、真打ち登場のように中身の濃い本を出して、いちばん大きなボリュームゾーンを取りに行こうというニュアンスだったと思います。

　日本のデジタル化には、そうした面があると思っています。世界を見渡せば、先頭のランナーたちは一周先を走っているかもしれない。しかし、たとえ周回遅れであっても、いちばん大きな集団を牽引するポジションで走っていれば、多くのランナーたちによい影響を与えることができます。世界に先駆けて何かをやるのは苦手かもしれないけれど、気づいたら、ボリュームゾーンの先頭を走っている。それが日本らしいやり方ではないでしょうか。

これからは経済成長という軸だけではなく、人の命や環境を中心にした変革が求められてきます。人と社会とコミュニティのために何かをする、公共性の高いインターネットをつくっていく。そのときに、日本人は大きな貢献をできるのではないかと楽観的に考えています。

日本を訪れた外国の人たちは、夜中に一人で出歩いても身の危険を感じることのないほどの治安のよさや、公共のトイレがどこもきれいで、道端で財布を落としても中身ごと戻ってくることに驚き、災害にも強く、安心して暮らせる街をつくり、私利私欲よりも社会的公平性、公共心に富んだ人を育ててきた日本の取り組みに共感してくれる人も少なくないようです。

公共的なことに対する信頼感、安全・安心な取り組み、他者に対するリスペクトと思いやり。何らかの手を打ったときに、それが一部の人だけではなく、すべての人に行き渡り、全員がその恩恵を享受できる仕組みづくり。

こうした点は、地球全体のサステナビリティを考えていくときのヒントになるはずで、日本のリーダーシップが望まれる部分だと思います。

エピローグ
インターネット文明の未来

1　人類がふたたび月面に立つ

アルテミス計画と通信ネットワーク

ＮＡＳＡ（アメリカ航空宇宙局）主導の月面探査プログラム「アルテミス計画」は、二〇二五年以降にふたたび人類を月に送り、月における人類の持続的な活動を目指しています。

このアルテミス計画には、日本のＪＡＸＡ（宇宙航空研究開発機構）をはじめ、カナダやオーストラリアなど、各国の宇宙機関のみならず、民間企業が多数協力することが決まっています。そして、宇宙船や月面との通信を担うことになるのがＤＴＮ（遅延耐性ネットワーク）というプロトコルです。共同開発したのはＮＡＳＡとＪＰＬ（ジェット推進研究所）。どちらも映画『オデッセイ』（原題：火星の人）などでおなじみの組織です。

よく宇宙を描いた映画に出てくる「こちらヒューストン」という通信を覚えている人も多いのではないでしょうか（テキサス州ヒューストンにはＮＡＳＡの管制センターがあります）。そして、以前なら当たり前だった「いまから月の裏側に入るので、〇時間通信が途切れます」というシーンは、これからは目にすることがなくなりそうです。

というのも、当時の通信プロトコルは直進的な電波の通信路に依存していたからです。ところが、いまはインターネットのように、中継地点を経由して通信する技術があります。衛星を打ち上げたり、宇宙船や宇宙ステーションを浮かべたりしておけば、そこを中継することで、月の裏側とも通信することができるようになります。

たとえば、地球の周りを周回する衛星から、月の周りにある中継点と通信するとき、一番簡単なのは、光レーザー通信です。宇宙空間で周囲に何もないから、電波よりも高性能な光レーザー通信が使えるのです。一方、地表には空気があるから光レーザーは使えません。そこで鍵となるのは、NTTがIOWN(アイオン)(Innovative Optical and Wireless Network)で提唱しているような、電波と光への革新的な変革を前提とする技術です。

「水」があれば継続的な活動が可能に

アルテミス計画では、月の「水」の探索も重要なテーマなので、月の裏側まで通信が届くことに大きな意味があります。

水または氷は、酸素と分離すれば水素が取り出せます。つまり、水があるということは、エネルギーがあるということと同義です。もし月面でエネルギーを調達できるなら、継続的な活動が可能になります。とはいえ、大気のない月は人が長期間住むのには適さないため、月をベース基地にしつつ、将来的には火星に移住するというような壮大な計画を構想しています。

月にベース基地を置くとなると、物資の輸送が問題になります。月面で作業したり、エネルギー開発したりする人たちへ、食料その他の物資を届けなければいけないからです。そこで、日本の若者が立ち上げたデリバリー専業の宇宙ベンチャーispace(アイスペース)が、今回のアルテミス計画にも参加しています。

さらに、月面における作業も、地球から遠隔操作できるかもしれません。地球のインターネットと月のインターネットがつながっていれば、第3章で紹介した遠隔医療と同じように、地球にいるオペレーターが月面のロボットを操作することも可能になるからです。

ただし、そうしたことが実現するためには、月面における位置を正確に把握できる必要があります。地球の場合はGPS衛星が静止軌道上を回っていて、複数点をとれば、三角測量で地上の位置を決めることができます。それに対して、月ではどうやって位置を把握し、どのように正確な地図を描くのか。月にもGPSのような衛星を飛ばすのか。そのあたりも検討が進んでいます。

インターネットが宇宙空間に飛び出して、インタープラネタリー・ネットワーク、つまり惑星間インターネットのような形に拡張していくときに、どんな課題があるのか。二〇二一年には、火星でドローンが初飛行を記録し、NASAがその映像を公開しました。ドローンが飛ぶということは、大気があるということです。もしかすると、火星への移住は予想よりも早く実現するかもしれない。夢はどんどんふくらみます。

私たちは月や火星で、国家同士が戦争する未来なんて、誰も望んでいません。宇宙開発は、インターネット文明の次のフロンティアにふさわしいと言えそうです。

2　より良いインターネットを維持するために

大動脈と血液

インターネットを血管になぞらえると、大動脈に当たるのが海底ケーブルです。光ファイバーのケーブルが世界中に張りめぐらされています。この動脈は民間のもので、政府が所有するものはほとんどありません。毛細血管にあたるのが5Gです。基地局からオフィスや家庭のパソコン、手もちのスマートフォンまで届く「ラスト一マイル」を担っています。

この大動脈＝海底ケーブルには、切断というリスクがあります。大陸間の膨大なデータが流れる大動脈が切れてしまうと、人間の身体と同じく、致命的な問題が起きてしまいますから、世界中の力を結集して守っていくことが大事になってきます。

血管を通じて流れる血液にも、生命活動に不可欠な酸素を多く含む動脈血と、不要になった二酸化炭素を多く含む静脈血があるように、インターネットを流れる情報にも、良い情報と悪い情報があります。悪意のあるデマやフェイクニュース、膨大な量のスパムメール、社会を混乱に陥れる意図的なアタック、そしてＡＩによって勝手に生成される一部を除いてほとんど無価値なコンテンツ……。インターネットがゴミ溜めになってしまい、本当に価値ある情報を探すことが困難になるような事態は、避けなければいけません。

人体の中には、血液中の二酸化炭素を取り除き、酸素を取り込む肺もあれば、老廃物を取り除く腎臓のような臓器もあります。インターネット上でも、悪意ある情報がどこから流され増殖しているのかをチェックし、それを取り除くための仕組みが求められています。

通信の秘密を守る量子暗号技術

インターネット上を流れる情報は、パケットという小さな単位ごとにまとめられ、外から勝手に見られないように暗号化されています。この仕組みを支えているのが、第3章で出てきた公開鍵暗号システムです。

ところが、この公開鍵暗号は近い将来、解読されるときがやってくると考えられています。ごく簡単に言うと、公開鍵暗号を解読するには膨大な計算が必要で、現在のコンピュータの処理能力ではその計算に数千年かかるため、事実上解けないから安全とされているのですが、別の種類のコンピュータの性能がこの計算に向いていれば、計算時間がどんどん短縮され、やがて瞬時に解かれてしまう可能性がある。そうなると、インターネット上のやりとりで通信の秘密が保たれなくなるため、怖くて誰も使えなくなってしまうでしょう。そのため、そのような形で暗号が破られる「Xデー」が来る前に、新たな暗号システムの開発がすすめられているのです。

公開鍵暗号はインターネット上での安全な情報交換の基盤としてさまざまなところで使われています。情報の暗号化・電子署名・また暗号通貨や、リモートワークのためのVPN（仮想プライベートネットワーク）やトンネリングといった、インターネット上における安全と安心のための技術は、公開鍵暗号のおかげだと言えます。この公開鍵暗号は、デジタル情報の暗号化ですから、きわめて数学的な原理に基づいています。具体的には、素数の掛け算（＝秘密鍵）で得られた巨大な数（合成数＝公開鍵）の素因数分解は困難だ、という原理に基づいています。

ところが、一九九四年にピーター・ショアは、量子コンピュータとアルゴリズム（ショアのアルゴリズム）によって、素因数分解を高速に解決できることを提唱しました。のちに研究が進むにつれ、また量子コンピュータの研究や開発が発展するにつれ、素因数分解や離散対数に依存しない暗号のアルゴリズムの開発が急務であるという認識が広がってきました。この研究開発を、ポスト量子計算機暗号と呼びます。量子計算機が普及した後でも使える暗号を早く開発しようという動きです。

インターネットで現在使われている暗号技術は、インターネット文明を支える屋台骨ですから、リスクのない技術をはやく確立しなければなりません。このような「Xデー」問題は、いつの時代も新しい科学や技術の開発機動力となるでしょう。

膨大なデータはアーカイブ可能か

インターネットの血管を流れる血流量、つまりデータトラフィックが年々ものすごい勢いで増え続け、いまや月間四〇〇エクサバイト(一エクサバイト＝一〇〇〇ペタバイト＝一〇億ギガバイト)を超えています。なにしろ、高精細な動画コンテンツがリアルタイムでストリーミング配信される時代です。いつかは回線がパンクして、血管が破裂してしまうのではないか。そう心配する人がいるかもしれません。

しかし、光ファイバーのキャパシティについては、私はそれほど心配していません。流れが滞るようなら血管を太くする、つまり、ケーブルの本数を増やせば対応できるからです。むしろ、本当の課題は、流れているデータ量ではなく、ストックされたデータ量のほうにあります。つまり、刻々と増え続ける大量のデータをどうやって保存するのか。こちらのほうが、より深刻な課題なのです。

日々生成されるデジタルデータを全部丸ごと保存できるとしたら、どんなことが可能でしょうか。保存されたデータを見ることによって、未来のある時点から、過去を限りなくリアルに近い状態で再現できるようになります。ＳＦのような未来ですが、これを現実のものとするためには、無限に生成されるデジタルデータを半永久的に保存しておく必要があります。いまは利用価値がわからなくても、とにかく保存しておけば、あとになって価値が出てくるかもしれない。だから、すべてのデータを保存しておくことが重要なのです。

半永久的にデータを保存する方法については、まだ決定打がありません。磁気テープに記録していた時期もありますが、テープがどんどん増えてしまって、保管場所に困ります。データを圧縮してチップに入れても、チップにも耐用年数という限界があります。

近年、ＤＮＡ（遺伝子）を利用した研究も進んでいます。データを保存するにはバックアップのコピーが不可欠ですが、ＤＮＡなら細胞分裂するときに同じＤＮＡ配列をコピーするので、それを利用すれば、デジタルデータも保存できるのではないかと期待されているわけです。ほかにも石英ガラスに着目した石英ストレージなど、さまざまな研究が進んでいます。

このように科学技術が発展していけば、それを土台として、新たなインターネット文明が華開く。「科学技術から文明へ」というサイクルが回っていく。私はインターネットの未来について、大いに楽観しています。

五〇年後のインターネット

インターネットが生まれてから、五〇年以上の時が経ちました。では、さらに五〇年後のインターネットはどのようになっているでしょうか。

第6章で、インターネットの評価軸が経済中心から、「人」軸、「社会」軸、「環境」軸へと切り替わってきたという話をしました。しかし、その一方で、ひとつのはずのインターネットは分断の危機にさらされてもいます。国家によるコントロールが、インターネットの世界にも及んできています。この先、グローバルなサイバー空間は過去のものとなり、国ごとに切り離されたローカルなネットワークになってしまうのでしょうか。

そうはならない、と私は信じています。

そのときに指針となるのが、インターネットにとっては「生命と地球のために」という視点です。このふたつを根本的な使命として、インターネットガバナンスを考えていかなければいけません。それが、インターネットをひとつに保つ秘訣なのだと思います。

あとがき

デジタル社会は、人を支えるさまざまな道具やサービスがデジタル技術によって生まれ変わった社会のことです。その道具は、ＩｏＴ機器と呼ばれることもありましたが、今やインターネットに接続されていることが前提ですから、初期のＩｏＴと呼ばれたウェブカメラや、ディスプレイ、オフィス環境のさまざまな機器や、家やビルディングそのものも「スマート化」、すなわちデジタル技術によって作り直されインターネットにつながっている状態になっています。

例えば停電が起こったときの戸数や範囲などは、つながっているスマートメーターによってリアルタイムに把握されていますので、報道は正確ですし、復旧や設備整備などにも大きく貢献します。ただし、このような有用なデータが人や社会のために、この場合は復旧や将来の設備の計画などのために、誰がどのように手に入れて、どのように使っていくのかというガバナンスが、より広く透明に議論される必要があります。まだまだその価値は十分に理解されてはいませんし、目的が限定されていわば閉じているところからスタートをしていると言えるでしょう。データの流通、アクセス、権利、プライバシー、などの考え方は、人や組織、そして、行政の構造によって決まっていきます。

航空機や鉄道の運行システム、工場のロボットや、病院の医療機器、自動運転で動く市バスや自律走行ができる車椅子、ファミリーレストランの配膳ロボットや交差点の信号機、そして、スマートホームを構成するさまざまな家電機器。これらに加えて私たちが身につけているスマートフォンやヘルス機器などは、すべてインターネットにつながってデジタルデータとして私たちの健康や安全のためのサービスとして利用されていかなければなりません。

人間の創造性と知性をもってすれば、このようなデジタルデータとその処理によって提供されるサービスはどんどん発展し、人の幸せや世界の平和に貢献し続けることでしょう。それが、人の叡智によってほぼ無限の可能性がある、デジタル技術を前提としているインターネット文明です。

一方で、インターネット文明においては、技術環境のアブユース、すなわち、濫用と悪用にも同様の可能性が生まれます。したがって、この対策とそのための体制を確立することも重要です。

ただし、デジタル技術を前提とした濫用と悪用への対応は、その技術環境の構造や機能に対する正しい理解を前提としないと、誤った対応となってしまい、健全な社会の発展を妨げるだけでなく、社会の安全に対するリスクを逆に増大させることにもなります。
　インターネットを構築してきた私たちが、どのような思いで設計と運用に取り組んできたのかを執筆した岩波新書の『インターネット』から約三〇年を経て、当時の理想としていた「すべての人のためのインターネット」がほぼ実現することとなりました。その前段となる研究活動から、現在に至る過程に専門家として関わってきた対象を、改めて「インターネット文明」として捉えた本書が、少しでも現在と未来を構築する方々のお役に立てばこれ以上の喜びはありません。

二〇二四年八月

村井　純

村井　純

1955年生まれ
1979年慶應義塾大学工学部数理工学科卒業,
1984年同大学院工学研究科博士後期課程修了.
工学博士. 1984年東京工業大学, 慶應義塾大学,
東京大学を結ぶ日本初の大学間コンピュータネ
ットワーク「JUNET」を設立
現在―慶應義塾大学教授,「WIDEプロジェク
ト」ファウンダー
著書―『インターネット』(岩波新書, 1995年)
『インターネットII――次世代への扉』(岩波
新書, 1998年)
『インターネット新世代』(岩波新書, 2010年)
共著―『角川インターネット講座』第1巻「イ
ンターネットの基礎」(KADOKAWA, 2014年)
『DX時代に考える　シン・インターネッ
ト』(インターナショナル新書, 2021年)

インターネット文明　岩波新書(新赤版)2031

2024年9月20日　第1刷発行

著　者　村井　純(むらい　じゅん)

発行者　坂本政謙

発行所　株式会社　岩波書店
〒101-8002 東京都千代田区一ツ橋2-5-5
案内 03-5210-4000　営業部 03-5210-4111
https://www.iwanami.co.jp/

新書編集部 03-5210-4054
https://www.iwanami.co.jp/sin/

印刷・三陽社　カバー・半七印刷　製本・中永製本

ISBN 978-4-00-432031-9　Printed in Japan

岩波新書新赤版一〇〇〇点に際して

ひとつの時代が終わったと言われて久しい。だが、その先にいかなる時代を展望するのか、私たちはその輪郭すら描きえていない。二〇世紀から持ち越した課題の多くは、未だ解決の緒を見つけることのできないままであり、二一世紀が新たに招きよせた問題も少なくない。グローバル資本主義の浸透、憎悪の連鎖、暴力の応酬――世界は混沌として深い不安の只中にある。

現代社会においては変化が常態となり、速さと新しさに絶対的な価値が与えられた。消費社会の深化と情報技術の革命は、種々の境界を無くし、人々の生活やコミュニケーションの様式を根底から変容させてきた。ライフスタイルは多様化し、一面では個人の生き方をそれぞれが選びとる時代が始まっている。同時に、新たな格差が生まれ、様々な次元での亀裂や分断が深まっている。社会や歴史に対する意識が揺らぎ、普遍的な理念に対する根本的な懐疑や、現実を変えることへの無力感がひそかに根を張りつつある。そして生きることに誰もが困難を覚える時代が到来している。

しかし、日常生活のそれぞれの場で、自由と民主主義を獲得し実践することを通じて、私たち自身がそうした閉塞を乗り超え、希望の時代の幕開けを告げてゆくことは不可能ではあるまい。そのために、いま求められていること――それは、個と個の間で開かれた対話を積み重ねながら、人間らしく生きることの条件について一人ひとりが粘り強く思考することではないか。その営みの糧となるものが、教養に外ならないと私たちは考える。歴史とは何か、よく生きるとはいかなることか、世界そして人間はどこへ向かうべきなのか――こうした根源的な問いとの格闘が、文化と知の厚みを作り出し、個人と社会を支える基盤としての教養となった。まさにそのような教養への道案内こそ、岩波新書が創刊以来、追求してきたことである。

岩波新書は、日中戦争下の一九三八年一一月に赤版として創刊された。創刊の辞は、道義の精神に則らない日本の行動を憂慮し、批判的精神と良心的行動の欠如を戒めつつ、現代人の現代的教養を刊行の目的とする、と謳っている。以後、青版、黄版、新赤版と装いを改めながら、合計二五〇〇点余りを世に問うてきた。そして、いままた新赤版が一〇〇〇点を迎えたのを機に、人間の理性と良心への信頼を再確認し、それに裏打ちされた文化を培っていく決意を込めて、新しい装丁のもとに再出発したいと思う。一冊一冊から吹き出す新風が一人でも多くの読者の許に届くこと、そして希望ある時代への想像力を豊かにかき立てることを切に願う。

（二〇〇六年四月）